可信边缘服务技术

王汝言　张　鸿　张普宁　廖明军　张师齐　著

科学出版社

北　京

内 容 简 介

可信边缘服务范式能充分弥补云计算服务模式的不足，具有服务时效性强、资源利用率高、用户体验好等优点，在空天地一体化网络、智能网联汽车等领域具有广阔的应用前景，受到学术界和工业界越来越广泛的关注。本书在现有云计算、边缘计算等使能技术基础上，从资源共享架构、任务调度、边缘卸载、视频分发、视频缓存、信任管理、安全转发等方面论述可信边缘服务的使能技术及其理论。同时，本书结合实际应用场景对著者近10年在相关领域的理论、算法以及应用展开探讨，为从事面向通信网络的可信边缘服务领域研究的同仁提供有益参考。

本书可供从事通信工程、网络工程、信息安全等学科领域的研究人员参考，也可供上述领域的企业工程研发人员阅读。

图书在版编目（CIP）数据

可信边缘服务技术 / 王汝言等著. -- 北京：科学出版社，2024. 11.

ISBN 978-7-03-080303-0

Ⅰ. TP393.027

中国国家版本馆CIP数据核字第202499QQ67号

责任编辑：孟　锐 / 责任校对：彭　映

责任印制：罗　科 / 封面设计：墨创文化

科学出版社 出版

北京东黄城根北街16号

邮政编码：100717

http://www.sciencep.com

成都锦瑞印刷有限责任公司印刷

科学出版社发行　各地新华书店经销

*

2024年11月第　一　版　开本：787×1092 1/16

2024年11月第一次印刷　印张：10

字数：237 000

定价：116.00元

（如有印装质量问题，我社负责调换）

序

随着第六代移动通信技术、智能网联汽车、大数据中心、物联网等成为国家“十四五”规划的重点建设内容，现在有越来越多的从业者和研究人员投入上述领域的研究。可信边缘服务技术作为领域内的重要使能技术，各国政府、机构、产业联盟都对其研究制定了专项规划，这表明该项技术吸引了各大网络强国的强烈兴趣。

值得一提的是，我国的战略部署也在汇聚产、学、研、用各方力量，积极开展产业研究、技术攻关、标准制定、测试验证、供需对接、生态建设等工作，推动边缘计算技术发展，加速行业应用落地。在“可信边缘计算”的相关技术研究方面，该书的作者及其团队深耕十余载，获得一些较具影响力的研究成果。

王汝言教授所在团队获得首批“全国高校黄大年式教师团队”称号，他带领团队成员长期从事智能泛在通信领域的前沿技术研究，在可信边缘服务技术方面积累了一系列高水平成果。在阅读过程中，我深切感受到作者为推动该领域技术的进步及赋能行业发展所做的深入思考。这本书内容丰富，理论性强，在现有云计算、边缘计算等使能技术基础上，从资源共享架构、任务调度、边缘卸载、视频分发、视频缓存、信任管理等方面论述了可信边缘服务的使能技术的方法原理。书中关于可信资源共享架构的论述，对未来空天地一体化网络融合发展具有重要的参考与借鉴价值。

总而言之，这是一部非常难得的好书，循序渐进地展示了边缘网络服务架构的设计和演进，深入浅出地探讨了可信边缘服务技术在不同垂直行业的应用。我愿向从事本领域研究的学者或对本领域感兴趣的研究人员推荐此书，也呼吁大家继续深入开展信息科技领域的研究，力争赋能千行百业。

2023 年 11 月于重庆

前　言

当前，科技创新速度显著加快，以 5G、人工智能、边缘计算为代表的新兴科技快速发展，大大拓展了人们对时间、空间的认知范围，人类正在进入一个“人机物”三元融合的万物智能互联新时代。近年来，智能终端设备以及其产生的数据都呈现爆发式增长的态势，智能网联汽车、智能制造、虚拟现实、增强现实等新业务的出现都对通信网络的通信-计算-存储能力提出了较高要求。云计算允许用户通过互联网络方便地访问集中式云中心的共享资源池，利用云中心的超强计算能力可解决计算密集型服务的计算、存储需求。然而在万物互联的背景下，传统云计算面临严重的实时性不够、带宽不足、能耗较大、隐私泄露等问题。

可信边缘服务将云中心的计算、存储功能扩展到靠近终端用户的网络边缘，利用边缘网络的计算、存储和通信资源为终端用户提供实时、高效的服务。同时，可信边缘服务还有效避免了因数据在公网传输、数据中心处理等带来的数据安全和隐私泄露问题。正是由于可信边缘服务无须将所有数据传输到云中心，从而避免了网络带宽与延迟的瓶颈，在产业界和学术界的合力推动下，可信边缘服务技术正在成为新兴万物互联应用的主流支撑技术。

通过阅读本书，作者希望可以帮助读者对可信边缘服务有系统的理解，包括但不限于其产生的背景、定义、架构、应用场景以及关键技术，为读者的进一步研究提供参考。

本书共 8 章，主要涵盖可信边缘服务的部分关键技术和作者的阶段性研究成果。第 1 章回顾可信边缘服务技术的概念、演进过程，介绍可信边缘服务技术研究现状，并结合研究现状分析可信边缘服务技术存在的问题以及面临的挑战；第 2 章提出以知识为中心的边缘计算架构，设计区块链赋能的边缘隐私保护架构，提出面向异构资源的边缘共享架构，从而提升面向海量异构资源的可信边缘共享水平；第 3 章根据边缘服务器负载不均衡问题，提出适用于边缘计算场景的任务调度策略；第 4 章基于拍卖定价提出最大化边缘节点利益的移动边缘计算卸载策略；第 5 章利用边缘用户之间建立的临时链路完成视频数据的分发，提出用户属性感知的端-边协同视频分发策略；第 6 章提出边缘缓存网络中的视频缓存和分发方案，该方案在系统能效、平均时延和缓存命中率方面均有较大性能提升；第 7 章提出块链使能的信任管理模型，其分层的架构设计和区块链技术的应用保障了节点交互记录的可溯源、不可篡改和透明性；第 8 章提出内容保护的间断连接边缘网络数据转发机制，在提升数据转发效率的同时，保障数据转发过程中内容的隐私性、完整性。

本书由王汝言组织撰写并统稿，其他参与撰写的人员有张普宁、张鸿、廖明军、张师齐、王慧、刘洁、罗俊等。其中，第 1 章由王汝言、张普宁、张鸿撰写；第 2 章由王汝言、张普宁、杨博然、刘汉永撰写；第 3 章由廖明军、聂轩撰写；第 4 章由王慧、臧春燕撰写；第 5 章由罗俊、刘倩茹撰写；第 6 章由刘洁、徐昊一撰写；第 7 章由王汝言、张师齐、杨志刚撰写；第 8 章由王汝言、张师齐、周之楠撰写。此外，在写作过程中，钟艾玲等对本书的修改完善提出了很多宝贵意见，在此一并感谢。感谢他们对本书最终的完成所做的重要贡献。

本书获重庆邮电大学出版基金资助。

本书的顺利完成离不开作者家人的无私支持，值此工作完成之际，以此书作为答谢，感谢他们常年如一日的关心和照顾。

限于作者认知水平，书中疏漏之处在所难免，欢迎读者不吝赐教。

作者
2024 年 6 月

目　　录

第1章 绪　论

1.1 可信边缘服务技术的概念及演进

习近平总书记在中国科学院第二十次院士大会上指出“科技创新速度显著加快，以信息技术、人工智能为代表的新兴科技快速发展，大大拓展了时间、空间和人们认知范围，人类正在进入一个‘人机物’三元融合的万物智能互联时代。”近年来，智能终端设备呈现出爆发式增长的态势，根据全球移动通信协会（GSM Association，GSMA）以及爱立信（Ericsson）预测，预计到2025年，全球物联网终端数规模将达到246亿，年复合增长率高达13%[1]。根据国际数据公司(International Data Corporation，IDC)在《IDC：2025年中国将拥有全球最大的数据圈》白皮书中的预测，到2025年全球数据总量将达175ZB，其中中国数据量将达到48.6ZB，占全球数据量的27.8%[2]。海量智能设备的接入，以及智能驾驶、智能制造、虚拟现实(virtual reality，VR)、增强现实(augmented reality，AR)等新兴业务对通信网络的通信-计算-存储能力提出了更高的要求。云计算允许用户通过互联网络方便地访问集中式云中心的共享资源池，利用云中心的超强计算能力可解决计算密集型服务的计算、存储需求。然而在万物互联的背景下，传统云计算有以下四个方面的缺陷[3]。

(1) 实时性不够。将大规模终端的海量数据传输到远离本地的云中心将带来较高的传输时延，无法满足智能驾驶、智能制造等服务的实时性和安全性要求。

(2) 带宽不足。大规模的边缘设备将产生海量的用户数据及业务数据，将全部数据传输至云中心，会导致网络带宽的急剧消耗，甚至引发网络瘫痪。

(3) 能耗较大。随着用户业务量越来越大，云中心处理的数据量也越来越大，据统计，我国数据中心所消耗的电能已经超过匈牙利和希腊两国用量的总和。

(4) 数据安全和隐私。终端到云中心的数据传输和存储过程中将不可避免地造成数据安全与隐私泄露的问题，近年来云中心数据安全事故层出不穷，政府、企业、公民等数据都存在数据安全与隐私泄露的问题，造成了重大的经济损失和恶劣的社会影响。

在此背景下，为了给各类业务提供低延迟、高带宽、高性能的业务服务，边缘计算(edge computing，EC)得到了学术界和产业界的重点关注。美国韦恩州立大学计算机科学系施巍松教授等将边缘计算定义为：“在网络边缘执行计算的一种新型计算模式，边缘的下行数据表示云服务，上行数据表示万物互联服务”[4]。边缘计算产业联盟将边缘计算定义为：“在靠近物或数据源头的网络边缘侧，融合网络、计算、存储、应用核心能力的开发平台，就近提供边缘智能服务，满足行业数据在敏捷联接、实时业务、数据优化、应用智能、安全与隐私保护等方面的关键需求”[5]。

可见，边缘计算将云中心的计算、存储功能扩展到靠近终端用户的网络边缘，利用边缘网络的计算、存储和通信资源为终端用户提供实时、高效的边缘服务；同时，边缘计算有效避免了因数据在互联网传输、数据中心处理等带来的安全和隐私泄露问题。正是由于边缘计算无须将所有数据传输到云中心，避免了网络带宽与延迟的瓶颈，在产业界和学术界的合力推动下，边缘计算正在成为新兴万物互联应用的主流支撑平台。

目前，各国政府、研究机构、产业联盟都对可信边缘服务技术的研究制定了专项规划。2019 年，美国白宫科技政策办公室发布的 *National Strategic Computing Initiative Update：Pioneering The Future of Computing* 中强调发展边缘计算生态系统，利用网络内部和边缘处理的能力，用以处理靠近源头的数据。2022 年，美国国家科学技术委员会将边缘计算列入关键和新兴技术清单。美国工业互联网产业联盟设立边缘计算工作组，深入研究工业互联网边缘计算参考架构。2019 年，第二届欧洲边缘计算论坛成立了欧洲边缘计算产业联盟，以促进边缘计算在行业数字化转型过程中的应用。日本成立 EdgeCross 联盟，积极推动边缘计算在通信、工业、健康医疗、智慧城市等方面的应用落地。

我国各级政府机构在相关“十四五”规划中均对边缘计算做出了明确规划要求。2021 年，《中华人民共和国国民经济和社会发展第十四个五年规划和 2035 年远景目标纲要》提出了“协同发展云服务与边缘计算服务，培育车联网、医疗物联网、家居物联网产业”的具体要求。2021 年，国家发展和改革委员会、工业和信息化部等八部门发布的《“十四五”智能制造发展规划》中强调加强研发边缘计算在工业领域的适用性技术。2021 年，工业和信息化部发布的《“十四五”信息通信行业发展规划》中多次强调建设面向特定场景的边缘计算设施，推进边缘计算与内容分发网络(content distribution network，CDN)融合下沉部署，加强边缘计算与云计算协同部署，深化边缘计算等新技术新业务在垂直行业和领域的拓展。2021 年，中央网络安全和信息化委员会发布的《“十四五”国家信息化规划》中提到构建具备周边环境感应能力和反馈回应能力的边缘计算节点，提供低时延、高可靠、强安全边缘计算服务。2021 年，工业和信息化部发布的《“十四五”信息化和工业化深度融合发展规划》中提到引导电子行业企业深化第五代移动通信技术(fifth-generation，5G)、大数据、人工智能、边缘计算等技术的创新应用。2022 年，我国国务院印发的《“十四五”数字经济发展规划》中提到加强面向特定场景的边缘计算能力，强化算力统筹和智能调度。

美国亚马逊在 2016 年推出了可以和客户实时互联、实时响应的边缘计算平台，为用户提供了边缘应用的开发和分析环境。微软推出 Azure IoT Edge 服务，全面布局边缘计算生态系统。谷歌发布 Cloud IoT Edge，提升边缘联网设备的开发环境。阿里云 2020 年启动首个边缘计算云原生开源项目 OpenYurt，深度挖掘“边缘计算+云原生落地实施”协同模式，打造云、网、边、端一体化的协同计算体系。百度发布 DuEdge 开源平台，并建立智能边缘计算框架 BAETYL，同时提供“边缘计算+AI”能力。国内三大运营商均成立了相关的边缘计算实验室，并提出了各自的一体化边缘解决方案。2016 年，华为、中国科学院自动化研究所、中国信息通信研究院、英特尔公司等单位联合成立我国边缘计算产业联盟，截至 2023 年 10 月 31 日，联盟成员单位达 329 家，涵盖科研院校、工业制造、能源电力等不同领域。2022 年，中国信息通信研究院正式发起“可信边缘计算推进计划”(trusted edge computing initiatives，TEI)，旨在汇聚产、学、研、用各方力量，开展产业研究、技术攻关、标准制定、测试验证、供需对接、生态建设等工作，搭建沟通合作平台，推动边缘技术发展，加速行业应用落地，构建“可信边缘计算”生态。

可见，近年来学术界、产业界正在持续加大对可信边缘服务技术的研究和规划，可信边缘服务技术被认为是实现万物互联不可或缺的关键技术之一。在万物互联背景下，我们总结了可信边缘服务技术的六个典型应用领域[6]。

(1) 智能交通。智能交通致力于解决城市居民面临的出行问题，运行在边缘网络的智能交通控制系统能够实时分析由监控摄像头和传感器收集的数据，并自动做出最优决策。此外，机器视觉、深度学习等技术的发展催生了智能网联汽车的出现，使得智能/自动驾驶成为可预见的实现目标。一辆智能网联汽车一天产生的数据量将达到 TB 级，这些数据需要在实时、可信的条件下完成处理和决策过程，传统的云计算难以达到实时性和安全性要求，可信边缘服务技术则很好地解决了实时性和安全性问题。

(2) 智能家居。家居生活随着万物互联应用的普及变得越来越智能和便利，大量的异构终端设备被部署在家庭的各个角落，如安防系统、照明系统、新风系统等。由于家庭数据的隐私性，用户并不愿意将所有数据上传至云中心进行处理，而可信边缘服务技术在家庭内部的边缘网关上完成决策过程，极大减小了网络带宽负载，保障了家庭隐私数据的安全性。

(3) 智慧城市。智慧城市的主要目标是以居民生活为中心，利用先进的信息通信技术解决城市化过程中所产生的问题，智慧城市的内涵除了传统的信息传输，还包括全面感知、智能分析和处理等方面。智慧城市建设所依赖的数据来自公共安全、公共设施、交通运输等城市建设的各个方面，具有来源多样化、类型异构化、数据海量化、隐私保护需求差异化等特点，利用云计算来实时处理这些多样化、异构化、海量化的数据是不现实的，依托可信边缘服务技术，在网络边缘进行数据安全、智能处理和分析将是一种高效的解决方案。

(4) 智能制造。工业互联网是新一代信息通信技术与工业经济深度融合的全新工业生态、关键基础设施和新型应用模式，通过人、机、物的全面互联，实现全要素、全产业链、全价值链的全面连接，对时延、可靠度、能耗等指标有更高的要求。可信边缘服务技术在靠近物或数据源头就近提供可信可靠的边缘服务，在实时性、可靠性、节能性、安全性等方面能够满足工业互联网的发展要求，从而有效支撑工业生产网络化协同、智能化交互等新模式。

(5) 智慧服务。VR 和 AR 技术的出现彻底改变了用户与虚拟世界的交互方式，《中华人民共和国国民经济和社会发展第十四个五年规划和 2035 年远景目标纲要》中明确提出了发展 VR 和 AR 技术。但传统云计算难以满足 VR 和 AR 对超高清和实时性交互的超高要求，可信边缘服务技术的出现极大提升了 VR 和 AR 用户的体验。

(6) 智慧医疗。2021 年 12 月 28 日，国家发展和改革委员会等 21 部门联合印发的《“十四五”公共服务规划》着重提到鼓励智慧医疗、智慧养老发展，提升公共服务效能。得益于信息技术、人工智能技术等新兴技术的快速推广和应用，传统医疗正向着信息化、智能化的方向发展，催生了远程医疗、远程健康检测、智能诊断等一系列应用。然而，智慧医疗系统具有异构性、融合性、开放性、动态性等网络特性，给其信息传输和信息安全等方面带来了巨大的挑战，可信边缘计算技术的提出给智慧医疗的进一步发展带来了曙光。

目前，通信网络正在从“以网络为中心”，走向“以业务为中心”，亟待重塑现有信息通信网络的基本架构，充分挖掘现有基础设施的利用率，提升网络感知能力、计算能力及承载能力，为终端用户提供可靠、可信的边缘服务。

1.2 可信边缘服务技术研究现状

在国家战略支撑下，可信边缘服务已成为当今产业界、学术界研究的焦点。边缘计算可更好地支撑高密度、大带宽和低时延业务场景，提供存储、计算、网络等资源，减少网络传输和多级转发带来的带宽与时延损耗[7]。但边缘计算模式下的数据安全问题更为突出。目前，业界基于可信计算与边缘计算的融合，就边缘共享架构、边缘资源调度、边缘视频缓存、边缘信任管理、边缘安全转发等方面开展了诸多研究，取得了一定程度的技术突破，同时，针对边缘计算模式实时性、分布式、个性化、智能化等服务特征，也存在一些未来研究热点有待研究人员深入研究。

1. 边缘共享架构

面向边缘共享架构的研究主要聚焦三个方面：边缘智能化、边缘资源共享、边缘隐私保护。

边缘智能化方面，研究人员提出将网络虚拟化技术融入移动边缘计算中，提高边缘网络资源分配的智能化水平。同时，有研究人员提出移动设备的存储、计算等资源同样可被虚拟化并参与资源调配，从而提高边缘网络容量及数据处理能力。此外，有文献指出移动用户的社会属性及用户间的社会关系存在较大的差异，导致边缘网络存在非协作行为，严重影响网络的服务质量(quality of service，QoS)。如何挖掘用户间的社会关系指导边缘网络资源共享决策，并有效识别网络中的非协作行为，从而保障边缘网络的服务质量是未来边缘智能化方面的一大研究热点。

边缘资源共享方面，研究人员提出了计算、缓存和通信的联合优化模型，对边缘与云的资源进行联合优化。由于边缘网络、云中心所部署的设备类型繁多，设备和资源存在异构性，为此，研究人员研究了考虑资源异构特征的资源共享架构，探讨了不同资源类型对资源共享的影响。然而，目前的研究缺乏对用户生成内容的共享方案设计。考虑用户生成内容特征与资源异构特征的联合资源共享架构设计将是未来边缘资源共享研究的重要趋势。

边缘隐私保护方面，研究人员重点聚焦节点认证和数据加密两个方面，指出传统节点认证方法资源开销较大，已有数据加密方法加密计算复杂度较高，不适用于资源受限的物联网场景下数据的隐私保护。已有方法均难以在认证加密效率与安全防护性能等方面实现较好的均衡，导致隐私数据易遭到泄露或恶意攻击。区块链的分布式结构可摒弃传统隐私保护系统中的第三方可信任机构，实现分布式数据隐私安全保护。因此，结合区块链的边缘隐私保护架构研究将是未来该领域的研究热点。

2. 边缘资源调度

边缘资源调度方向的研究主要分为两个方面：边缘任务调度与移动边缘卸载。

边缘任务调度方面，现有研究主要围绕四个问题开展：调度内容选择、调度时间安排、调度目标决策、通信-计算能耗均衡。目前的研究成果主要分为两类：基于边缘-云博弈的任务调度策略、基于启发式算法的任务调度策略。前者主要考虑边缘与云之间的博弈和协作以进行任务协同调度，如在卸载服务器的选择和计算资源的分配中引入激励机制，考虑多用户间资源竞争所引起的信道干扰问题。后者主要分为任务调度组搜索、任务调度组调整两阶段，重点研究最大化云、边缘、终端间的任务分配方式以降低计算时延。此外，也有任务调度的计算负载与传输能耗、计算时延等方面的均衡设计研究成果。

移动边缘卸载方面，根据依托的理论具体可将已有成果分为基于博弈论的卸载方法、基于优化理论的卸载方法、基于强化学习的卸载方法。基于博弈论的卸载方法通过将计算卸载问题抽象为非合作博弈、潜在博弈等模型进行卸载策略决策。基于优化理论的卸载方法采用李雅普诺夫优化、凸优化等方法进行卸载问题的优化求解。基于强化学习的卸载方法采用深度 Q 网络进行最佳卸载策略的迭代搜索。已有研究成果按照卸载方案的不同，可分为部分卸载与二进制卸载，部分卸载即用户可以将一部分任务卸载到边缘服务器进行处理，剩余部分本地处理；二进制卸载即任务要么本地处理，要么卸载到边缘服务器进行处理。在实际的边缘网络中除了考虑计算任务时延，还需考虑用户和边缘服务器的利益问题，基于定价的移动边缘计算卸载策略，可有效解决用户和边缘节点利益分配问题。因此，研究面向移动边缘计算卸载的定价方法将是未来该方向的研究趋势。

3. 边缘视频缓存

面向边缘视频缓存方面的研究重点围绕边缘视频分发、边缘视频缓存两方面。

边缘视频分发方法主要分为三类：基于分簇、基于社会属性、基于激励的视频分发方法。基于分簇的视频分发方法采用组播机制，并结合用户分簇，利用无线信道广播特性，将同一视频流同时传输至簇内多个用户，提高数据分发的效率。基于社会属性的视频分发方法，通过社交互惠激励存在社会关系的用户间的合作，以实现视频质量提升的双赢目标。基于激励的视频分发方法，通过设计基于价格与信誉度的激励机制，促进陌生用户间的视频分发协作，实现用户利益的最大化。用户的不同社会属性导致其兴趣存在较大差异，研究用户属性感知的边缘视频分发策略将是未来该方向一大研究热点。

边缘视频缓存主要聚焦四个方面：①能量效率，即根据视频的差异化质量需求及网络资源状态，优化视频缓存的能量效率；②缓存命中率，即通过评估视频内容的流行度等，提高缓存内容被用户请求的概率；③缓存利益，即考虑缓存成本，设计利益最大化的缓存内容决策方法，激励用户设备(user equipment，UE)参与缓存过程；④缓存视频质量，即将源视频分解为短视频片段进行编码，系统根据实时的信道条件为用户选择合适编码比特率版本，避免信道条件波动带来的视频播放卡顿，提高视频服务的用户体验质量(quality of experience，QoE)。动态自适应视频流以其灵活的编码方式和差异化的视频服务质量，未来将成为该方向的研究热点。

4. 边缘信任管理

目前，边缘信任管理方面的研究主要分为两类：传统信任管理机制、基于社会关系的信任管理机制。

传统信任管理机制在传统网络中得到广泛的应用，但其固有的弱实时性、低精确性等特性并不适合拓扑结构自组、变化频繁、通信环境多变的移动边缘网络场景。针对移动边缘网络的信任管理问题，研究人员主要提出了三种信任模型：第一种是基于权重的动态实体中心信任模型，能以较低的延迟提高边缘数据分发的安全性，提高数据传输成功率；第二种是基于经验和效用理论构建的轻量级数据中心信任模型，能对移动边缘网络中的数据进行快速信任评估；第三种是上下文感知的信任管理模型，根据发送方的信任级别来估计接收消息的可信度。

基于社会关系的信任管理架构主要分为中心式信任架构、分布式信任架构两种。在中心式信任架构中，中心服务器负责存储和处理所有节点的信任数据，易导致单点故障引发灾难性后果。为克服中心式信任架构的问题，研究人员提出分布式信任架构，信任数据存储和管理由移动终端自身以分布式的方式完成，减少了移动终端与网络设施的交互次数，有效提高了信任数据的传输效率。然而，分布式信任架构在缺乏可信第三方的支撑下，难以保障节点间信任数据的一致性。未来，基于区块链实现移动边缘网络的信任管理将是该领域的发展趋势。

5. 边缘安全转发

目前，针对间断连接边缘网络数据安全转发机制的研究主要分为两类：基于基础设施和无基础设施的边缘安全转发机制。

基于基础设施的边缘安全转发机制需要第三方安全基础设施的支撑，如密钥生成与分发服务器等，为数据的安全传输提供密钥生成及密钥分发服务。然而，研究人员指出在星际移动边缘网络等场景中，存在第三方安全基础设施的条件假设过于理想化，提出无基础设施的边缘安全转发机制，利用节点相遇的机会进行密钥的传输，或通过部署移动轨迹相对固定的边缘节点，传输加密私钥与加密数据，或通过数据分片、冗余编码的方式保障隐私数据的可信安全传输。目前的相关研究重点关注数据的加解密机制设计，综合考虑数据机密性、完整性、不可抵赖性与不可模仿性的安全传输方法设计将是未来研究的主流趋势。

1.3 可信边缘服务技术的问题及挑战

仅凭云计算无法应对万物互联场景中高带宽、低时延等服务需求。边缘计算相比云计算具有数据处理实时性强、可缓解网络带宽、降低能量消耗等优势，但同时边缘服务模式也面临如资源分配不均、数据服务质量难保障及节点非协作等亟待解决的问题[7]。

1. 边缘网络有限资源的高效配置问题

边缘网络的资源优化服务包括云中心-边缘网络-终端资源的共享、任务的计算、数据的管理和存储等[8]。边缘服务器的通信、计算与存储能力远小于云中心服务器，而在用户的多样化、个性化需求日趋增长的当下，用户所申请的服务类型存在较大差异，对边缘网络通信、计算、存储等多种形式的网络资源提出了较高的要求。有限的通信、计算、存储资源仍然是边缘网络保障用户服务质量的主要障碍。为合理利用边缘网络有限的资源，需利用不同资源配置策略来合理分配边缘网络中的各种资源，以优化各项边缘网络资源配置的决策流程，提升数据服务的有效性与可靠性。

在目前的边缘资源共享架构整体设计中，边缘网络缺乏从用户社交关系等方面挖掘而来的智能化知识引导，造成边缘网络资源共享效率较低。在智慧医疗、智能交通等场景中，用户的体征数据或用户的轨迹数据具有高度的隐私性，现有研究缺乏面向用户隐私数据的整体架构方案与方法的设计，对数据来源的合法性认证及防止恶意用户的攻击防护手段尚不成熟。网络边缘部署有海量的多样化边缘计算设备，这些设备具有极强的资源异构性，为面向海量数据内容及边缘资源的通用共享架构设计带来了极大的挑战，如何构建统一的异构资源共享架构，并激励用户与边缘设备共享内容与设备资源是面临的一大难题。为此，第 2 章提出以知识为中心的边缘计算架构，将虚拟化技术、机器学习方法与端到端通信技术结合，分析用户社交关系等网元特征，以知识为引导驱动网络资源分配，实现资源配置的最优化。接着，提出区块链驱动的边缘隐私保护架构，采用 Merkle 树优化模型确定节点的特征属性，提高节点资源利用率，并基于非对称密钥对，采用混合签名算法以防止恶意节点的攻击，解决数据的合法性验证及防止恶意攻击的问题。为解决异构资源的有效共享问题，提出针对异构边缘计算资源交易的架构，在考虑用户生成内容服务的特性和资源异构性的基础上，设计“用户-边缘-云”协作的智能边缘资源交易架构，创新性地引入用户生成内容形成闭环虚拟资源货币循环。

计算资源是边缘网络的核心资源，边缘任务调度旨在将计算密集型、时延敏感型计算任务卸载到边缘设备或边缘服务器，既可有效降低云中心的计算负载，又可大幅提高网络服务的响应实时性。然而，当系统的计算资源分配不均衡时，将导致计算任务执行效率的下降及系统资源的浪费。当前，计算任务的边缘调度技术面临多种挑战：①调度内容选择，即选取哪些计算任务进行调度；②调度时间安排，即安排在什么时间进行调度；③调度目标决策，即将计算任务调度到哪些设备上；④调度开销均衡，即如何在调度开销与服务质量间寻求平衡点。已有方法缺乏对于网络负载状态的整体分析与量化，缺乏对终端用户社会属性的深入挖掘分析，未考虑用户的个性化资源需求特征。并且，已有研究缺少面向边缘资源调度的高效部署运行方法设计，且面向通信资源与计算资源联合优化的方案较为匮乏。为此，第 3 章提出负载均衡的边缘任务调度方法，采用强化学习方法考虑计算负载的实时状态，动态匹配适用的边缘服务器。进而，考虑终端用户的社会属性特征及任务时延与网络带宽的约束，引入终端辅助调度，实现网络通信与计算负载均衡。第 4 章继续提出资源高效的移动边缘卸载方法，将计算卸载问题抽象为带有时延约束的边缘节点利益最大化问题，并采用拍卖方法进行利益最大化卸载方案求解，解决计算卸载过程中用户和边缘节点利益分配不合理的问题。

2. 边缘视频服务质量的可靠保障问题

以 4K、8K、VR 为代表的视频应用带给消费者更高清、更畅快的视频体验，催生了5G/B5G 时代视频业务的全新发展机遇。2021 年 10 月，国家广播电视总局正式发布《广播电视和网络视听“十四五”发展规划》，提出要实现 5G 高清视频产业化的推进。2022年 1 月，国务院印发《“十四五”数字经济发展规划》，提出“要加强超高清电视普及应用，发展互动视频、沉浸式视频、云游戏等新业态，深化人工智能、虚拟现实、8K 超高清视频等技术的融合”。在未来的网络应用中，视频等多媒体业务将长期占据主导地位。面对未来超高清视频业务和多样化用户需求对超高网络容量的要求，如何有效地承载爆发式增长的视频业务及为用户提供差异化的按需服务成为未来网络演进与变革的重要方向。

为满足用户对视频服务在实时体验、高效传输、智能分享等方面的迫切需求，需要从视频分发与视频缓存两个方面着手对视频服务进行优化，达到降低时延与增强体验的目的[9]。随着边缘计算技术与端到端通信技术的普及，视频服务逐渐由“云-管-端”向“云-边-端”的架构演进，这在极大程度上缓解了网络回传压力，有效提升了网络承载视频业务的能力。然而，由于网络异构性、媒介开放性、资源有效性以及网络瞬态性，如何发挥云平台、边缘服务器以及终端各自的优势，实现边缘网络视频按需高效分发与精确缓存，是增强视频服务体验的关键。

边缘视频分发由边缘网络中视频内容携带节点以单播、组播或广播的方式将视频内容发送至多个移动终端。然而，由于用户对视频等多媒体数据的需求具有一定的相似性，在视频传输业务中存在较大比例的重复内容请求，给网络带来了较重的重复视频内容分发负载，严重影响视频内容分发的效率。此外，边缘计算模式可有效减轻云中心视频服务器的负担，但仍面临以下问题：①视频内容通用化与用户需求个性化之间的矛盾；②视频质量的高要求与动态变化的网络资源之间的矛盾；③用户间视频资源共享与协作传输开销间的矛盾；④移动终端视频分发便捷性与通信链路时空连接间断性之间的矛盾。为此，第 5 章提出端-边协同的视频分发及共享方法，通过挖掘用户社会属性特征构建本地分发模式，降低视频分发过程的通信开销。进而，采用可伸缩视频编码技术，基于用户传输偏好增强用户视频传输协作能力，解决用户共享意愿低造成的分发效率下降问题，提升视频传输的可靠性和灵活性。

通过在靠近用户端部署边缘缓存服务器，边缘缓存技术将兴趣内容或流行内容预置于边缘缓存服务器中，既可避免相似内容的重复分发占用有限的带宽资源，又可降低请求视频内容的响应时延[10]。边缘缓存的研究主要聚焦两个方面：缓存放置与缓存分发。缓存放置重点解决缓存视频内容的选取问题，即如何利用边缘缓存服务器有限的存储资源缓存价值更高的视频内容。在缓存内容的选取时需考虑视频大小、缓存收益，以及视频质量等级等因素。缓存分发主要面向视频内容缓存的资源高效调度问题，即如何高效调度传输功率、带宽等网络资源，考虑视频服务的多样化质量要求，实现系统时延、能耗或能量效率的最优化。第 6 章考虑信道状态的时变特征与视频服务的多样化需求，引入弹性编码与边缘缓存思想，通过信道质量估计与视频流质量评估，采用可伸缩性视频编码（scalable video coding，SVC）设计带有弹性编码的边缘视频缓存方法，依据用户需求与网络状态实现视频质量差异化传输。

3. 边缘隐私数据的安全可信保护问题

5G、人工智能(artificial intelligence，AI)、大数据、边缘计算等前沿科技的交叉融合催生了诸多新兴产业，同时，与传统制造业的结合也迸发出新的活力。新型移动边缘网络为智能网联汽车等新形态的智能终端设备提供了数据交互与共享的平台。该类信息的交互与共享不仅可帮助智能终端设备了解外部环境信息，还可增强智能终端设备在计算决策与执行控制等方面的能力。然而，在移动边缘网络中，网络拓扑具有动态时变、高移动性、高开放性等特点，使得在数据安全与隐私保护方面面临较大的挑战[11]。已有成果聚焦数据安全传输通道的构建技术，及外部攻击的抵御技术研究，但是，对于移动边缘网络内部节点间的信任关系，以及内部与外部节点间的信任关系挖掘不足。由于移动终端的移动范围较大、网络拓扑更新较快，数据的交互与共享通常发生在陌生的移动终端之间，而恶意的数据或非真实的数据会造成移动边缘网络间的数据流通障碍，甚至导致出现严重的数据安全事故。因此，如何为移动边缘网络的可靠数据交互构建客观、公正、可靠的信用体系是信任管理的核心问题。

移动边缘网络的信用体系构建主要面临两个方面的问题：①恶意服务历史难追溯，即面向高速移动边缘网络节点的数据协同转发服务时，难以对其历史进行全时间尺度、全区域覆盖的记录；②恶意评价历史难追溯，即难以对数量众多、性格各异的服务请求者的评价信息进行客观公正、符合实际的判断。信任关系反映了社会主体之间的信任程度，传统的移动边缘网络应用中缺乏可度量、主观性、可传递的信任关系度量指标，无法准确获知网络中节点的信誉状态，及时发现网络中的恶意节点。移动终端间交互的信息除空气质量、路情路况、热点区域等之外，还涉及终端控制等方面，急需可度量、主观性、可传递的信任评估手段。面向现有认证与信任管理机制存在的问题，第 7 章提出区块链使能的边缘信任管理方法，采用区块链技术设计分层信任管理架构，保障节点交互记录的可溯源、不可篡改和透明性。应用恶意节点检测精度高、抗恶意攻击强的狄利克雷、信任回归和惩罚撤销等信任评估方法，准确评估节点信任状况。

间断连接边缘网络具有节点高速移动、链路频繁中断、通信长时延、节点非协作等特点，传统的采用对称、非对称加密的通信安全防护技术难以直接应用。传统的边缘网络采用加密密钥与加密算法，保障数据传输的机密性、完整性、不可抵赖性、不可模仿性。然而，间断连接边缘网络的节点高速移动与链路频繁中断导致数据的源、目标节点间缺乏完整的端到端路径，节点间也缺乏第三方等可信任基础设施的支撑，密钥分发、身份验证等基本的安全保障操作无法顺利开展。通信的长时延使得传统的安全认证手段无法在规定的时间内返回认证结果，导致安全认证无法通过。并且，间断连接边缘网络间的数据需多个节点间以多跳的形式传输，意味着隐私数据暴露给长链路中的多个中间节点，而网络中存在部分恶意节点与非协作节点，导致隐私数据在数据传输过程中易遭窃听或篡改等恶意攻击行为。因而，如何结合间断连接边缘网络的特征进行隐私数据的可信防护是深化其应用的关键问题。第 8 章提出内容保护的边缘数据安全转发方法，设计逐跳加密的边缘内容隐藏方法，采用数据分片方法隐藏原始数据，并通过逐跳加密的方式防止数据泄露。提出内容保护的安全转发方法，考虑间断连接边缘网络连接间歇性特点，依据节点相遇与交互历史进行节点可信度计算，依据节点的活跃度进行内容的转发决策，实现内容可靠保护与高效边缘转发。

1.4 本章小结

本章从边缘计算的思想、概念及其应用出发，首先详细阐述了可信边缘服务技术的演进过程。其次，深入阐述了可信边缘服务相关技术的研究现状，并对相关研究进行了归类总结，对未来相关技术的发展趋势进行了预测。最后，针对可信边缘服务技术发展过程中所面临的问题，及未来将会遇到的挑战进行了讨论总结，并对本书相关章节的创新点进行了重点阐述。

参考文献

[1] 中国信息通信研究院. 物联网白皮书[EB/OL]. (2020-12)[2024-10-12]. http://www.caict.ac.cn/english/research/whitepapers/202012/P020201223330673521178.pdf.

[2] Reinsel D，武连峰，Gantz J F，等. IDC：2025年中国将拥有全球最大的数据圈，US44613919 [R]. Framingham：IDC，2019.

[3] 施巍松，张星洲，王一帆，等. 边缘计算：现状与展望[J]. 计算机研究与发展，2019，56(1)：69-89.

[4] 施巍松，刘芳，孙辉，等. 边缘计算[M]. 2版. 北京，科学出版社：2021.

[5] 边缘计算产业联盟. 边缘计算产业联盟白皮书[EB/OL]. (2016-11-30)[2024-10-12]. http：//www. ecconsortium. org/Lists/show/id/32. html.

[6] 施巍松，孙辉，曹杰. 边缘计算：万物互联时代新型计算模型[J]. 计算机研究与发展，2017，54(5)：907-924.

[7] Goudarzi M，Wu H，Palaniswami M，et al. An application placement technique for concurrent IoT applications in edge and fog computing environments[J]. IEEE Transactions on Mobile Computing，2021，20(4)：1298-1311.

[8] 张海波，李虎，陈善学，等. 超密集网络中基于移动边缘计算的任务卸载和资源优化[J]. 电子与信息学报，2019，41(5)：1194-1201.

[9] 朱文武，王智. 数据驱动的网络多媒体边缘内容分发[J]. 中国科学：信息科学，2021，51(3)：468-504.

[10] Fu Y R，Yu Q，Wong A，et al. Exploiting coding and recommendation to improve cache efficiency of reliability-aware wireless edge caching networks[J]. IEEE Transactions on Wireless Communications，2021，20(11)：7243-7256.

[11] 乐光学，戴亚盛，杨晓慧，等. 边缘计算可信协同服务策略建模[J]. 计算机研究与发展，2020，57(5)：1080-1102.

第 2 章　可信边缘资源共享架构

日益增长的多样化用户需求使得数据中心和基站之间的网络流量呈“井喷式”增长。据工业和信息化部发布的《2021 年通信业统计公报》统计，2021 年移动互联网接入流量达 2216 亿 GB，比上年增长 33.9%。其中，手机上网流量达到 2125 亿 GB，比上年增长 35.5%，在移动互联网总流量中占比 95.9%[1]。为提供良好的 QoE，现有移动网络的计算和服务能力亟待改善。研究人员提出移动边缘计算思想，提高移动网络服务效率。目前已有较多移动边缘计算（mobile edge computing，MEC）相关的研究成果，例如，MEC 与软件定义网络（software defined networking，SDN）及无线网络虚拟化（wireless network virtualization，WNV）结合，实现网络资源的灵活控制与分配，但是基于虚拟化的端到端通信系统与基于学习的端到端通信系统没有被引入到边缘计算框架中，使得边缘网络缺乏知识的引导，造成边缘系统智能化程度较低。为此，本章首先提出以知识为中心的边缘（knowledge centric edge，KCE）计算架构；其次，设计区块链赋能的边缘隐私保护架构；最后，提出面向异构资源的边缘共享架构，从而提升面向海量异构资源的可信边缘共享水平。

2.1　以知识为中心的边缘计算架构

2.1.1　知识中心边缘架构设计

欧洲电信标准化协会（European Telecommunications Standards Institute，ETSI）提出采用移动边缘计算技术来提高移动网络的计算与服务能力。作为传统云计算的扩展，移动边缘计算以分布式的方式，在移动网络的边缘为应用程序开发者与内容提供商提供云计算功能和信息技术（information technology，IT）服务环境。此外，为了灵活地为用户分配网络资源，无线网络虚拟化技术被引入来整合与分配无线网络资源[2,3]。在 5G 网络中，通过抽象网络资源并结合网络切片，WNV 动态地将网络资源分割成不同的虚拟切片，来满足不同用户或场景下的 QoS 需求，从而实现网络资源的最优化配置[4]。在移动网络中，MEC 与 WNV 的共存与融合存在巨大的挑战。有研究者提出可以通过混合控制或软件定义网络技术实现 MEC 与 WNV 的共存与融合[5-7]。

在端到端通信协助下的虚拟化蜂窝网络中，用户设备（user equipment，UE）的存储、计算等资源可以被虚拟化，并被其他用户复用。这不仅保证了不同技术的无缝融合，还提高了网络性能，例如，可提高资源利用率，减少传输延迟等。然而，由于单个 UE 可提供的处理能力、能量资源与服务能力有限，同时，移动用户之间存在不同的社会属性与社会关系，因此，存在用户的非协作行为，导致并非所有用户都能被认为是可为其他用户提供可信网络资源访问的虚拟化对象。引起用户非协作行为的因素有多种，例如，存储/能量资源将耗尽的设备、存在信任问题的设备，非协作用户表现为拒绝为其他用户转发数据或仅转发与自己社会关系较好的用户的数据。显然，非协作行为会严重降低网络的 QoS。然而，传统的边缘网络不具有学习能力，因而不能智能地识别与控制。

为了保证可信的用户接入来满足其他用户的 QoS 要求，提出一种以知识为中心的边缘架构，将虚拟化的端到端通信系统与基于学习的端到端通信系统相结合。利用端到端通信所收集的数据，采用机器学习、社交计算等方法进行知识学习，例如通过用户社会关系与信任关系等知识的学习，以获取的知识为依据利用 WNV 技术动态地分配网络资源。如图 2.1 所示，所设计的以知识为中心的边缘计算体系架构包括三层：物理层、知识层与虚拟管理层。物理层主要包含传统蜂窝用户、知识中心边缘(KCE)服务器。该层负责向其他用户提供物理资源支撑，同时对收集到的用户数据进行处理，并发送到 KCE 服务器。知识层用于建立基于知识学习的端到端通信系统，以动态管理用户之间的网络连接。KCE 服务器基于物理层收集的数据采用机器学习、社交计算等技术进行学习，获取用户之间的社交连接知识，并依据获取的知识来控制用户的物理连接。为优化资源分配，基站与 UE 的网络资源会在虚拟管理层被虚拟化。该层将结合 KCE 服务器获得的知识，如用户之间的联系强度、用户之间的可信度等，来动态管理与分配网络资源，即在服务提供商(service providers，SPs)的资源虚拟化之后，KCE 服务器将分配满足其他用户 QoS 要求的虚拟链路，旨在实现最优的资源分配。

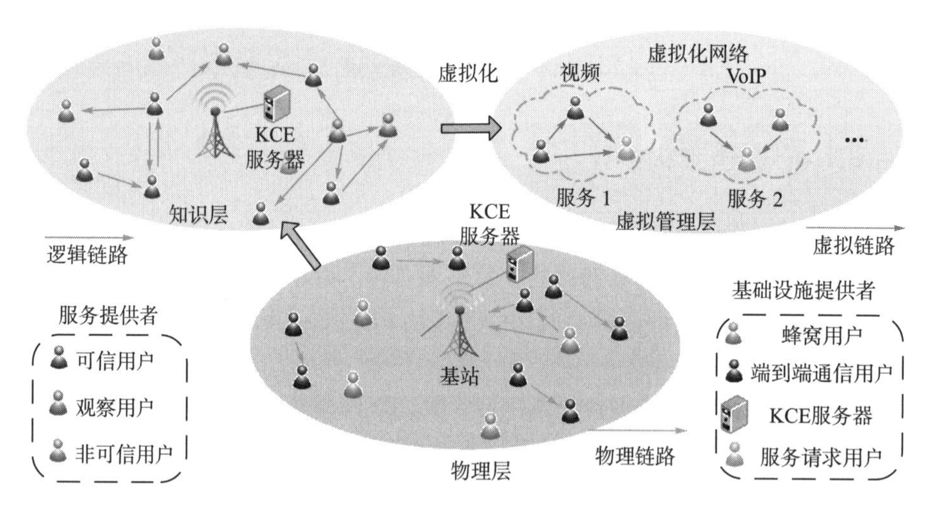

图 2.1 以知识为中心的边缘计算体系架构

2.1.2 知识中心边缘共享方法

1. 物理层

该层在研究 UE 的资源管理与分配时，须考虑 UE 物理层特征，进而，将适当的内容缓存在合适的设备上，从而优化整个网络性能，以有效地保障服务请求用户的 QoS 需求。

缓存策略：主要通过社交计算，例如用户的社会联系、属性相似性与交互历史，来选取可信的服务提供商(SPs)。然而，由于用户在网络中访问内容的动态特性，内容在 SPs 上的合理缓存仍是一个具有挑战性的问题。目前，大多数关于端到端通信的研究都倾向于将流行程度高的内容缓存到 UE 上。然而，研究表明，流行程度高的内容将被所有用户频繁访问的假设并不成立[8]。流行程度高的内容仅是传播范围广，但用户的差异化需求，导致对于特定区域该流行内容的访问频率可能并非最高。

为合理、有效地缓存内容，可考虑移动用户社交关系的缓存策略。根据用户之间的社交关系，用户被划分为不同的社会群体(社区)。与社会群体紧密关联的用户被视为相应社区的成员，仅属于一个社区的用户可以缓存本地流行程度较高的内容。相反，属于多个社区的用户将缓存全局流行程度较高的内容。由于这些用户连接多个不同的社区，其可更好地协助数据传播，并且全局流行的内容可很快被许多用户访问。缓存不同流行程度(本地或全局)的内容可有效地提高用户缓存的点击率。

服务能力：影响用户资源分配的另一个重要因素是 SPs 是否有能力提供所请求的服务。所选择 SPs 的服务能力直接影响任务是否能够完成。在物理层中用户的服务能力包括对数据的处理能力、物理资源(如存储、能量和通信资源)等。显然，应准确评估不同 SPs 的服务能力，以提高服务的效率和质量。服务能力中的计算能力评估可建模为与需处理的数据量、中央处理器(central processing unit，CPU)指令周期、CPU 频率有关的函数，通信能力估计可通过考虑传输带宽、传输功率、信道增益等获得，设备的缓存能力与其出厂缓存容量、已占用缓存空间等有关。因而，可采用加权平均方式，或其他智能化方法，综合考虑 UE 的计算能力、通信能力、缓存能力来进行准确评估。

2. 知识层

知识层需融入多种类型的计算和学习方法(例如社交计算、机器学习等)。以社交计算为例，如前所述，并非所有用户都可被认为是能为他人提供可信的网络资源访问的虚拟化对象。在实际的应用中，可能出现一些非协作行为。对此，需要通过学习来识别用户的行为，从而进一步激励与管理用户。用户的非协作行为主要是由于客观原因(如用户存储资源耗尽)或主观原因(如用户具有自私性，不愿为他人提供服务)。如图 2.2 所示，一方面，对于客观原因需要一种有效的激励机制来鼓励用户参与数据转发与传输。另一方面，针对主观原因应采用信任管理来选择可信用户作为 SPs。

首先，对用户的社交连接关系进行学习，其次，将用户划分为多个社区。同一社区内的用户具有较大概率共享数据。最后，为促进不同社区用户之间提供服务，需要设计激励机制与信任管理方法。

社区群组划分：通过端到端通信收集与共享数据，KCE 服务器在边缘可以推理关于用户社区群组信息的知识。通过利用用户的社会属性，如共同的兴趣、背景及相似性，用户可被划分为多个甚至互相重叠的社区群组。在特定的社区内，用户相比其他社区中的用户相遇更为频繁。同时，同一社区内用户之间的相遇持续时间相对较长。基于用户的社会特征，用户可以具有多维的社会属性，因此用户可以同时隶属多个群体/社区。通过分析具有不同属性的用户的网络结构，可检测出不同社区之间的重叠结构。因此，在知识层中检测重叠社区至关重要，而重叠社区中的用户可更好地协助整个网络中的数据分发。

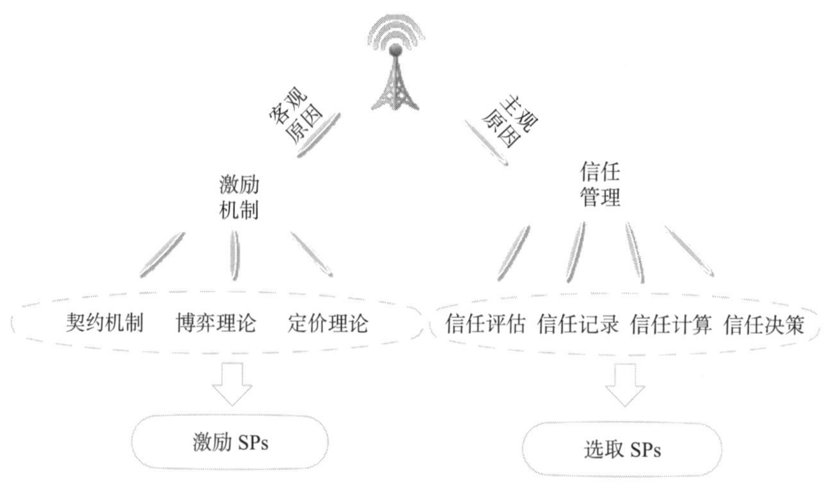

图 2.2 基于社交计算的 SPs 选取策略

激励机制：在移动边缘网络中，SPs 根据其他用户的需求提供服务。因此，需在边缘即 KCE 服务器上设计一种激励机制来促进用户之间的内容共享。针对该类问题，KCE 服务器可在边缘采用博弈、定价和契约机制来激励用户。以施塔克尔贝格(Stackelberg)博弈为例，一个 Stackelberg 博弈包括两个参与者：领导者(Leader)与追随者(Follower)。领导者(KCE 服务器)首先在博弈中制定一个最初的策略，而追随者(所选择的 SPs)根据 KCE 服务器制定的策略提出最有利的博弈方法，进而，领导者观察跟随者给出的最优博弈方法，不断调整其最优策略。通过谈判调整，最终可以实现系统的纳什均衡。

信任管理：由于用户的自私性，边缘网络中的用户可能会出现非协作行为[9]。为了从基础设施提供商(infrastructure providers，IPs)中选择可信的 SPs，信任管理的构建至关重要。一般而言，信任管理模块主要包括信任评估、信任记录、信任计算与信任决策四个部分。

信任评估是考虑 SPs 与被请求用户之间的信任关系的第一步。心理学研究表明，用户之间的信任度可以分为认知、情感与行为三个方面。因此，在信任评估中需要考虑 SPs 与被请求用户之间的多维信任关系，包括认知信任、情感信任和行为信任。认知信任被定义为用户对其他用户协作的能力和可靠性的信任。例如，可信任的 SPs 可能被所请求的用户熟知。情感信任表示用户对数据转发的兴趣程度。情感信任通常建立在志同道合的用户之间。行为信任是通过用户之间的互惠来构建的，例如，彼此协助转发数据以增强互信。互惠可分为直接互惠与间接互惠两类。当用户之间存在互惠关系时，他们之间必然存在一定的行为信任。通过信任记录用户的交互历史，KCE 服务器可以在边缘进行信任计算，并通过信任决策模型(如三支决策)来评估用户之间的可信度[10]。考虑到上述三种信任类型，KCE 服务器可以建立潜在的 SPs 与请求用户之间的可信关系。

3. 虚拟管理层

在虚拟管理层中由 KCE 对 UE 资源进行边缘虚拟化管理。为了满足不同用户的 QoS 需求，KCE 通过虚拟化技术将 SPs 的资源分割成不同的虚拟 SP 组，通过不同的虚拟 SP 组来满足其他用户的 QoS 需求。

如图 2.3 所示，系统中的用户具有多样化的 QoS 需求，因此，不同的 UE 其优化目标并不相同。为满足不同的 QoS 需求，可根据用户服务能力、可信程度等属性的不同将其分为不同的虚拟 SP 组，然后共享虚拟 SP 组中的物理资源以满足不同的优化目标。对于具有较高 QoS 要求的业务(如流媒体业务)，其优化目标为期望延迟的最小化。因此，虚拟 SPs 用户组的选取应考虑较强的服务能力与可信程度等属性。类似地，对于具有较低 QoS 需求的业务，选取的虚拟 SPs 用户组对其服务能力与可信程度的要求相应较低。

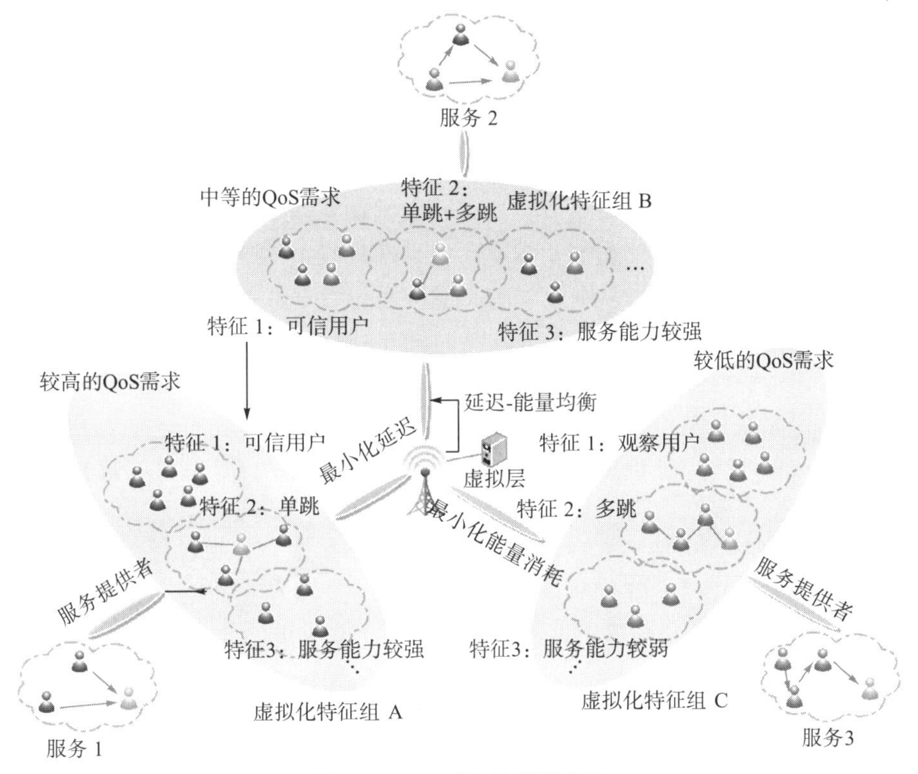

图 2.3　QoS 感知的资源分配

综上所述，对于不同的 QoS 需求，根据知识层挖掘存储的用户知识，考虑用户间的社会属性选择不同的 SPs 组来实现 UE 资源的优化分配。

2.2　区块链赋能的边缘隐私保护架构

在智慧医疗、智能交通等应用中，需利用传感器收集个人健康、用户轨迹等用户隐私数据。然而，在公开访问的网络环境中，恶意节点的攻击极易导致用户隐私数据无法及时、准确获取。为保护用户数据隐私，存在两个问题亟待解决：①如何识别传感器的合法性以保证数据来源的合法性；②如何防止恶意攻击导致的隐私泄露。针对上述问题，本节设计区块链赋能的边缘隐私保护架构，提出 Merkle 树优化模型，以判断节点的特征属性，并提高节点资源利用率。基于区块链的分布式结构特征和非对称密钥对，提出混合签名算法以防止恶意节点攻击。

2.2.1 边缘隐私保护架构设计

智慧医疗、智能交通等物联网应用融合了物联网、大数据和云计算等相关技术，以用户的应用数据为中心，打破传统行业应用的限制，对观测对象的状况进行判断。该类应用不仅便于数据的分享者享受个性化的物联网服务，也利于第三方通过分析共享的数据进行用户群体特征的分析，从而指导未来的智能应用规划。

无线媒介具有高开放性，使得隐私数据的通信安全存在较大隐患。通信网络中所传输的数据涉及个人隐私，易受到严重的恶意攻击，例如伪装攻击、共谋攻击、伪造攻击或篡改攻击等[11,12]，导致数据隐私泄露、数据篡改和数据不完整等。因此，用户数据隐私保护是急需解决的问题。

针对数据隐私保护问题，可从节点认证和数据加密两个方面解决。传统的节点认证通过密钥交换实现，可保存历史密钥数据，但易产生较大的计算开销、能量开销和资源开销，不适用于资源受限的物联网数据隐私保护系统[13]。数据加密的基本要求在于保证密钥生成的隐私和安全。传统的密钥生成以第三方可信任机构(the trust party，TTP)为核心，利用非对称密钥对数据隐私进行加密，以保护数据隐私和安全[14]。但传统的数据加密算法难以满足系统安全性、及时性和隐私性等要求。例如，高级加密标准-128(advanced encryption standard-128，AES-128)对隐私数据的加密和解密的计算时间较长，不利于事件的实时处理；基于混沌的加密算法虽加快了密钥计算时间，但是无法保证隐私数据传输的安全性[15]。同时，传统的集中式管理系统将节点的隐私数据存储在 TTP 中，极易引起恶意节点的共谋攻击，导致节点隐私数据遭到泄露或恶意攻击。

为了进一步优化数据隐私保护系统并提高数据安全传输效率，引入区块链技术，可去除传统系统中的TTP，实现分布式数据隐私安全保护。区块链是一种分布式结构，由分布式账本、智能合约、共识机制和密码学基础组成。其中，分布式账本被用来存储数据记录以防止恶意节点的篡改攻击或伪造攻击；智能合约是预先设定好规则和条款的计算机协议，预置在智能设备中，可实现算法的自我执行以及对结果的自我判断，提高系统的鲁棒性；共识机制可保证分布式网络中所有的节点都遵守统一的信任标准，防止共谋攻击；数据加密能对数据进行哈希运算，保护数据的安全性。

在传统的带有隐私保护的物联网中，传感器负责收集用户的个人健康、行程轨迹等隐私数据；利用蓝牙、紫蜂协议(ZigBee)或 Wi-Fi 等将数据传输至智能设备(例如智能手机、智能电脑等)，通过分析数据完成数据签名；通过分布式节点中继转发的方式将签名信息和数据传输至远程服务中心，并获得服务中心的专业判断。然而，在实际应用过程中，恶意攻击者会为了谋取自身利益对用户的隐私数据进行攻击，例如伪装攻击、篡改攻击或伪造攻击等。因此，在开放共享的无线信道环境下，为了防止隐私数据被恶意节点攻击，本节提出区块链赋能的边缘隐私保护架构，引入边缘计算思想，通过在网络边缘部署边缘服务器完成签名验证过程。如图 2.4 所示，区块链赋能的边缘隐私保护系统由节点认证、签名创建、共识与验证机制三个部分组成。

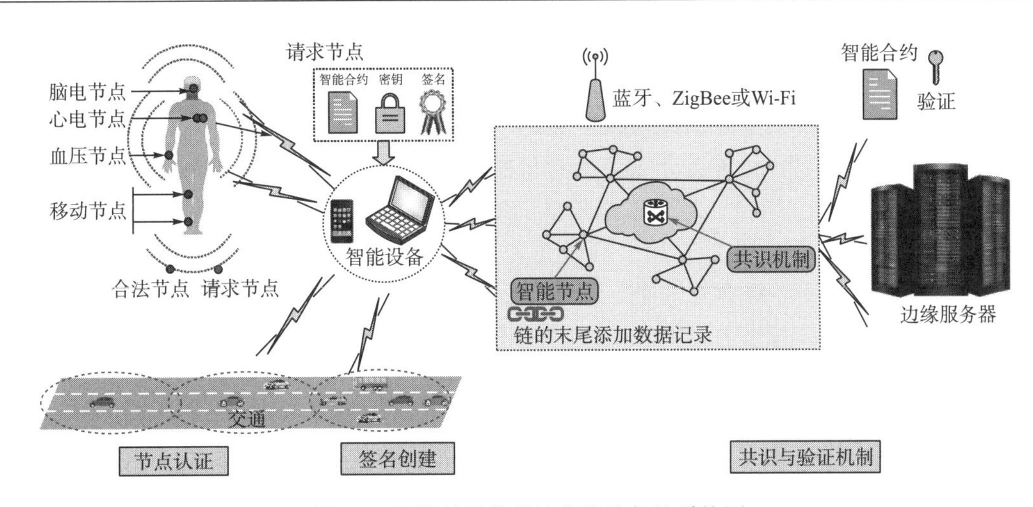

图 2.4 区块链赋能的边缘隐私保护系统图

节点认证：请求加入网络的传感器首先上传收集的数据集以及数据形成的哈希值至智能合约。进而通过信息增益比分析数据特征，并结合哈希函数计算上传数据的哈希值。然后，根据所得哈希值与传感器上传的哈希值分别形成 Merkle 树，分析对比 Merkle 根值可直接判断数据来源的完整性以及传感器的合法性。最后，传感器保存 Merkle 根值，并以此作为此次传感器收集数据的身份属性认证。

签名创建：智能设备利用自身密钥对和边缘服务器的密钥对形成双重密钥，进而对数据隐私密文创建混合签名。其中，多重哈希算法可增加恶意节点攻击的难度，降低存储成本和时间成本。边缘服务器利用私钥通过智能合约对数据签名进行验证，并将计算结果反馈到分布式账本中。

共识与验证机制：在分布式网络中，用户的传感器通过点对点(peer to peer，P2P)通信将混合签名传输到当前周期内的 Leader 节点，Leader 向 Follower 发出日志记录复制的指令。边缘服务器通过智能合约的自动执行命令将混合签名验证结果发送给当前周期内的 Leader，Leader 向 Follower 继续发出日志记录复制的指令，复制完成之后，Follower 响应 Leader，保障所有分布式节点中分布式账本一致性。

2.2.2 分布式隐私保护方法

本部分设计分布式隐私保护方法，包括节点认证、混合签名算法、共识与验证机制来保证用户数据的隐私安全。

1. 节点认证

为了防止恶意节点伪装成合法节点对隐私数据进行伪造或篡改，从而影响边缘服务器对用户状态及其服务特征的判断，需要对用户周围新加入的节点进行节点认证。与此同时，由于用户周围的传感器计算能力和内存资源受限，无法进行大规模的计算与存储。因此，对于节点认证，本节设计 Merkle 树优化模型，通过节点上传的数据对节点的属性和合法性进行认证，可有效降低时间成本和存储资源，并提升认证速度。

1) Merkle 树优化模型

Merkle 树是一种典型的二叉树或多叉树，其叶子节点上存储的是原始数据集经过哈希函数计算得到的哈希值，非叶子节点上存储的是其节点下所有叶子节点或所有非叶子节点共同形成的哈希值。因此，随着节点数量的增加，数据集和叶子节点的数量也将不断增加，进而非叶子节点数量也随之增多。最终多个非叶子节点组合形成一个 Merkle 树，而 Merkle 树的最顶端即为 Merkle 根值，通过 Merkle 根的计算和对比，可判断节点上传数据的合法性和完整性。因此，传感器只需保存 Merkle 根值，而无须保存大量的数据集，可提升节点的内存资源利用率。

一组数据集中包含多种特征，例如噪声特征、运动特征、心跳特征以及血压特征、轨迹特征、交通流量特征等。从数据集的多个特征属性中无偏向性地判断数据集的属性，可通过信息增益比对数据集中的特征进行计算。对数据集而言，熵可以表示样本集合的不确定性，熵越大，样本的不确定性就越大。本节采用的信息增益比通过对比合法节点和请求节点数据集的熵，即可判断节点间数据集的不确定性，熵值越大，则数据集间特征的差异度越大。对此，本节设计 Merkle 树优化模型进行节点认证，如图 2.5 所示，节点认证过程分为两步：节点属性认证和节点合法性认证。通过节点属性判断节点采集的隐私数据的特征，进而采用拥有相同属性的合法节点对请求节点进行 Merkle 根值计算，减小误差和节点计算消耗，进而增加 Merkle 树优化模型的合理性和实用性。

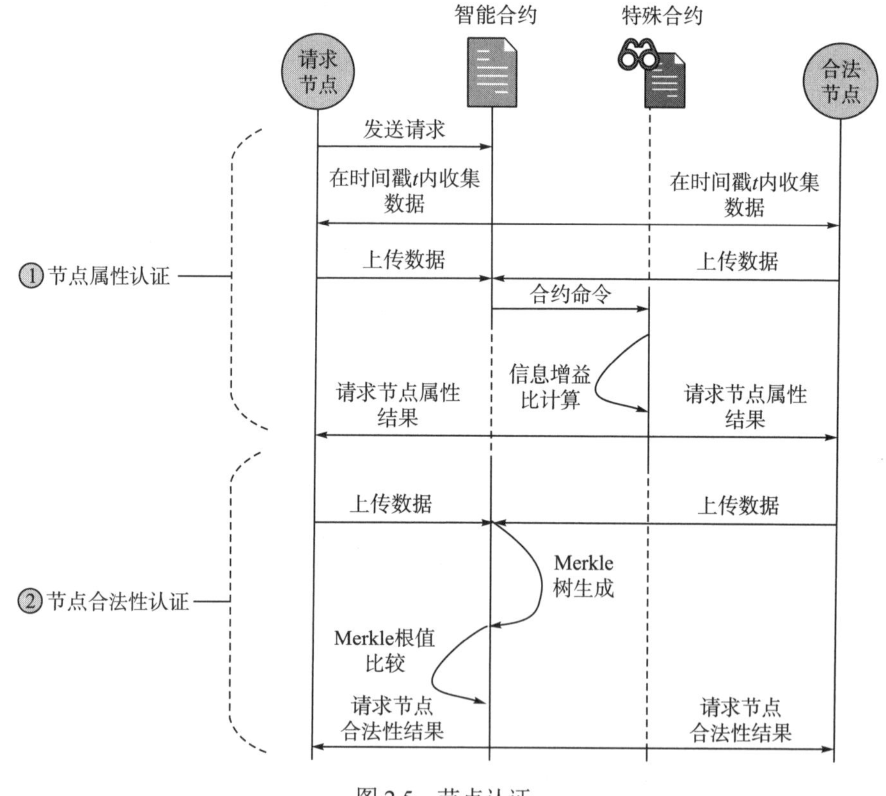

图 2.5 节点认证

2) 节点属性认证

首先，节点发送请求加入网络的信息，智能合约根据请求命令，要求合法节点和请求节点收集同一时间戳 t 内的原始数据。

现假设合法节点的隐私数据集中的数据特征分为 A_1、A_2、A_3、A_4。令合法节点和请求节点上传的数据集分别为 D^h、D^q。信息增益的大小依赖于数据集的特征，而特征的变化往往决定信息增益的变化，因此信息增益定义为经验熵与条件经验熵之差。则计算合法节点与请求节点上传数据集的信息增益分别如式(2.1)和式(2.2)所示。

$$g(D^h, A_i) = H(D^h / A_i) - H(D^h) \tag{2.1}$$

$$g(D^q, A_i) = H(D^q / A_i) - H(D^q) \tag{2.2}$$

其中，$i \in \{1,2,3,4\}$，A_i 代表第 i 个数据特征；$H(D^h)$、$H(D^q)$ 分别为合法节点和请求节点经验熵；$H(D^h / A_i)$、$H(D^q / A_i)$ 分别为合法节点和请求节点条件经验熵。

其次，根据训练数据集 D^h、D^q 对特征 A_i 的信息增益分别可得特征 A_i 的信息增益比 $g_R(D^h, A_i)$、$g_R(D^q, A_i)$，如式(2.3)和式(2.4)所示。

$$g_R(D^h, A_i) = \frac{g(D^h, A_i)}{H(D^h)} \tag{2.3}$$

$$g_R(D^q, A_i) = \frac{g(D^q, A_i)}{H(D^q)} \tag{2.4}$$

3) 节点合法性认证

用户的传感网络由穿戴式或嵌入式微型传感器连接而成。为了方便人们使用，传感器的体积小、寿命短，导致传感器的能量效率、内存资源和计算能力都非常受限。为了降低微型传感器的内存消耗，本节利用 Merkle 树优化模型对大量的原始隐私数据集进行哈希运算，将存储大量的数据集转换成存储 160 bit 的 Merkle 根哈希值，提高节点内存资源利用率。节点合法性认证如图 2.6 所示，在数据上传之前，将隐私数据生成的哈希值嵌入到数据的头部并发送至智能合约。智能合约接收消息并执行哈希算法，首先根据接收到的数据计算哈希值，生成 Merkle tree-1；然后，根据接收的哈希值生成 Merkle tree-2；最后，自动对比 Merkle tree-1 和 Merkle tree-2 的 Merkle 根值，若相等，则将请求节点判定为合法节点且能保证上传数据的完整性；否则为恶意节点。

Merkle 树优化模型使得微型传感器在进行合法性认证时，只需提供自己的哈希值并与合法节点哈希值进行对比，而不做其他计算，可降低计算开销和存储开销。同时，本节所提出的 Merkle 树优化模型多次重复使用哈希算法可提高节点认证模型的安全性能，并保证隐私数据的准确性和完整性。

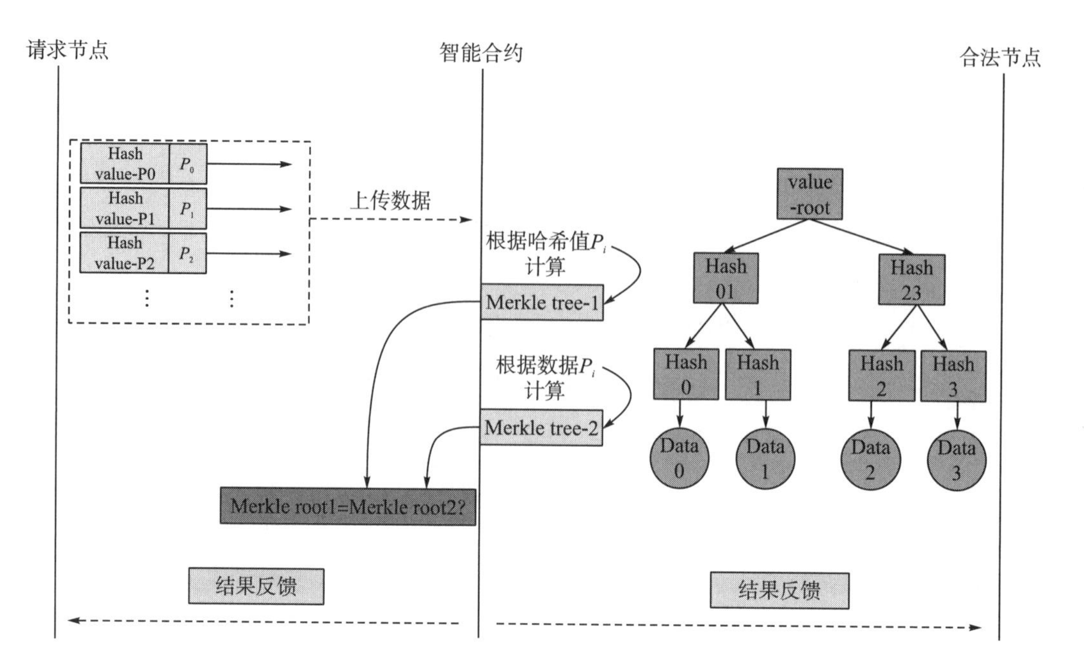

图 2.6 节点合法性认证

2. 混合签名算法

为了保证在数据传输过程中隐私数据的准确性和安全性，防止恶意节点对隐私数据进行篡改攻击或伪造攻击等，需要合法节点在传输数据之前对数据隐私进行加密签名，并提升运行速度，减少时延。因此，本节设计一种混合签名算法，同时考虑离散对数和大整数因子分解问题，在保证数据隐私安全性和完整性的同时，提升系统计算速度，降低时间消耗成本。

为了满足系统高安全、低时延的要求，本节设计混合签名算法，结合莱维斯特-沙米尔-阿德尔曼(Rivest-Shamir-Adleman，RSA)签名算法和数字签名算法(digital signature algorithm，DSA)的优势，不仅能保证数据隐私的完整性、签名信息的不可伪造性，还可加快系统计算速度并节约时间消耗成本。如图 2.7 所示，混合签名算法由签名创建和签名验证两部分组成。混合签名算法对数据隐私 M 创建的混合签名，可保证数据隐私 M 的安全性和完整性，防止恶意节点的伪造攻击、生日攻击或篡改攻击等。进而智能合约可利用密钥进行混合签名验证，并根据验证结果判断发送节点的来源是否合法及数据信息是否完整。

1）签名创建

在基于区块链的分布式系统中，为了保护合法节点上传数据的完整性、隐私性，本节混合签名算法中签名的创建利用节点的密钥对以及随机数形成该节点对此数据隐私的唯一签名信息。

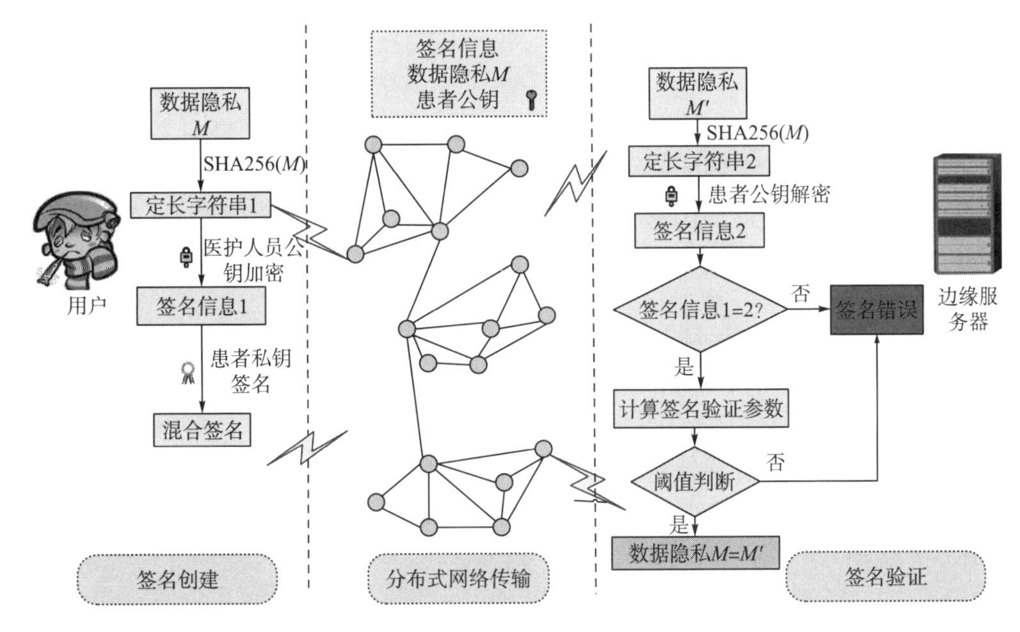

图 2.7　混合签名算法流程图

现假设需要签名的数据隐私为 M，节点的公钥和私钥分别为 $\{x_1, y_1\}$，边缘服务器的公钥和私钥分别为 $\{x_2, y_2\}$。本节提出的混合签名算法公共参数设置如下：令 G 是大素数 p 和 q 的有限域循环群，满足 $\gcd(p,q)=1$，生成元 g 满足 $g \in G$，$H:\{0,1\}^* \to G$ 代表单向哈希函数用于生成签名的校正编码。

首先，在混合签名算法中，公共参数为 (p,q,g,H)，患者选择一个随机数 k 并秘密保存，利用随机数 k 和边缘服务器的公钥 y_2 通过幂指数算法可得到混合签名随机数 r，如式(2.5)所示。

$$r = (y_2^k \bmod p) \bmod q \tag{2.5}$$

然后，将哈希函数 H 对签名随机数 r、公钥 (y_1, y_2) 以及数据隐私 M 进行哈希运算，可获得签名信息 $\sigma(M)$，如式(2.6)所示。

$$\sigma(M) = H(y_1 \| y_2 \| r \| \text{hash}(M) \| M) \tag{2.6}$$

为了增强数据隐私保护，患者利用签名信息 $\sigma(M)$、秘密私钥 x_1、秘密保存的随机数 k 和混合签名随机数 r 对数据隐私 M 进行计算，如式(2.7)所示。

$$s = k^{-1}(M + x_1 \cdot r - x_1 \cdot \sigma(M)) \bmod q \tag{2.7}$$

最后，获得混合签名算法的混合签名 $\text{sign}(r,\sigma,s)$，并通过网络媒介在分布式网络中传输。其中，节点和边缘服务器公钥和私钥的关系分别为：$y_1 = g^{x_1} \bmod p$，$y_2 = g^{x_2} \bmod p$。

2) 签名验证

具有访问权限的边缘服务器接收经分布式网络转发的混合签名信息 $\{M, \text{sign}(r,\sigma,s)\}$，并利用秘密私钥验证混合签名信息的完整性、准确性和唯一性，防止接收的数据有误，影响边缘服务器决策。因此，本节对混合签名的验证分为混合签名信息的完整性验证和合法性验证两步。若每一步都验证正确，则继续进行下一步；否则终止验证，判定数据已被恶意节点攻击，丢弃数据。

(1)混合签名信息的完整性验证

边缘服务器根据接收到的数据隐私 M 进行哈希运算以获得 $\text{hash}'(M)$ ，进而结合混合签名 $\text{sign}(r,\sigma,s)$ 和自身的公钥 y_2 验证签名信息 $\sigma(M)$ ，如式(2.8)所示。判断验证的结果与接收到签名信息中的签名信息 $\sigma(M)$ 是否相符。若相等，则可保证签名信息 $\sigma(M)$ 和数据隐私 M 的完整性，进而判断混合签名的合法性；否则签名信息为错误信息，终止算法。

$$\sigma(M)=H[y_1 \| y_2 \| r \| \text{hash}'(M) \| M] \tag{2.8}$$

(2)混合签名信息的合法性验证

签名信息 $\sigma(M)$ 的验证，可确定数据隐私 M 的完整性。因此，通过验证边缘服务器接收签名的合法性，可进一步保证数据隐私 M 的合法来源。

首先，边缘服务器计算混合签名验证参数 α 、 β 、 d ，如式(2.9)～式(2.11)所示，根据混合签名 $\text{sign}(r,\sigma,s)$ 、节点公钥 y_1 及边缘服务器的秘密私钥 x_2 进行模幂运算。

$$\alpha=s^{-1}\cdot M(\text{mod}\,q) \tag{2.9}$$

$$\beta=s^{-1}\cdot r\,\text{mod}\,q \tag{2.10}$$

$$d=y_1^{-\sigma(M)}\,\text{mod}\,p \tag{2.11}$$

其中，下载公共参数 (p,q,g,H) 与接收签名信息 $\{M,\text{sign}(r,\sigma,s)\}$ 可同时完成。

然后，根据混合签名验证参数 α 、 β 、 d 以及边缘服务器的秘密私钥，计算混合签名验证系数 v ，如式(2.12)所示。

$$v=(g^{\alpha}y_1^{\beta}d^{s^{-1}}\,\text{mod}\,p)^{x_2}\,\text{mod}\,q \tag{2.12}$$

最后，根据指示函数 ε 的结果确认混合签名信息的合法性，如式(2.13)所示。进而将验证结果发送至分布式网络中，以保证全网分布式节点对签名验证的一致性确认。

$$\varepsilon=\gamma-\psi\begin{cases}=0, & \text{签名信息正确}\\ \neq 0, & \text{签名信息有误}\end{cases} \tag{2.13}$$

其中， γ 和 ψ 分别为与混合签名随机数 r 和混合签名验证系数 v 有关的哈希函数字符串，即 $\gamma=H(\text{hash}(M),r)$ 、 $\psi=H(\text{hash}(M),v)$ 。

在混合签名算法中利用哈希函数易计算、难求逆的特性，多次采用哈希运算，不仅可以提高恶意节点攻击难度，防止恶意节点的生日攻击，还可以确保系统安全；同时，密钥签名的唯一性可保障数据来源的合法性和数据隐私的不可篡改性。混合签名的验证只能由具有访问权限的接收方即边缘服务器进行验证，并且签名内容只能由具有秘密私钥的边缘服务器读取。

3. 共识与验证机制

在边缘数据隐私保护系统中，用户的隐私数据记录、混合签名的创建和验证都需要在区块链网络中传播，以保障网络节点对混合签名的一致性信任。区块链网络传播方式即通过网络中所有的分布式节点向邻居节点中继转发。为了确保区块链系统中所有合法的参与节点对每一条数据记录的一致性，提高系统的安全信任机制，需要一个标准的共识协议，保证区块链的可靠性。

Raft 共识算法[16]是一种易于理解的分布式一致性算法，可在异步通信环境中实现共识，并且允许少于参与节点数量 1/2 的节点出现“崩溃恢复”故障。Raft 共识算法将网络节点分成 Leader(领导者)、Follower(追随者)和 Candidate(候选者)三部分，由参与节点一半以上的 Follower 和 Candidate 执行当前周期内 Leader 的指令，共同维护安全有序的日志更新。满足联盟链的数据管理系统的共识机制，需要同时满足可终止性、共识性以及合法性三条性质，而本节所采用的 Raft 协议不仅满足共识机制的三条性质，同时也具有很高的可行性，满足系统安全、可靠、高效率的要求。

为了共识机制能在分布式网络中安全、有效地实现设备之间的互操作性，同时保证数据隐私，本节采用了 Raft 共识算法(图 2.8)，该算法分为选举阶段和记账阶段。

(1) 选举阶段：Raft 用心跳命令触发 Leader 的选举，并根据当前时间周期从 Candidate 中投票选举下一时间周期的 Leader，赋予 Leader 管理记账权利。任何节点都可通过投票成为 Leader，获得记账奖励。Leader 将定期向 Follower 发送心跳命令，以保证共识的一致性。如果在一个周期内没有接收到心跳命令，则认为选举超时，没有可实施记账权利的 Leader，并重新开始新一轮的选举。Follower 也可成为 Candidate，并请求其他节点为自己投票，直到出现新的 Leader 时，投票结束。

(2) 记账阶段：这个阶段已经选举出当前时间周期的 Leader，则 Candidate 自动转为 Follower。此时，智能合约向 Leader 发出添加日志的请求，Leader 接收请求并要求 Follower 将日志复制在分布式账本中。然后，Follower 向 Leader 反馈确认添加信息。当 Leader 收到大于一半数量的 Follower 的确认信息时，可认定此日志已获得所有网络节点的共识，整个系统的分布式账本处于一致状态。

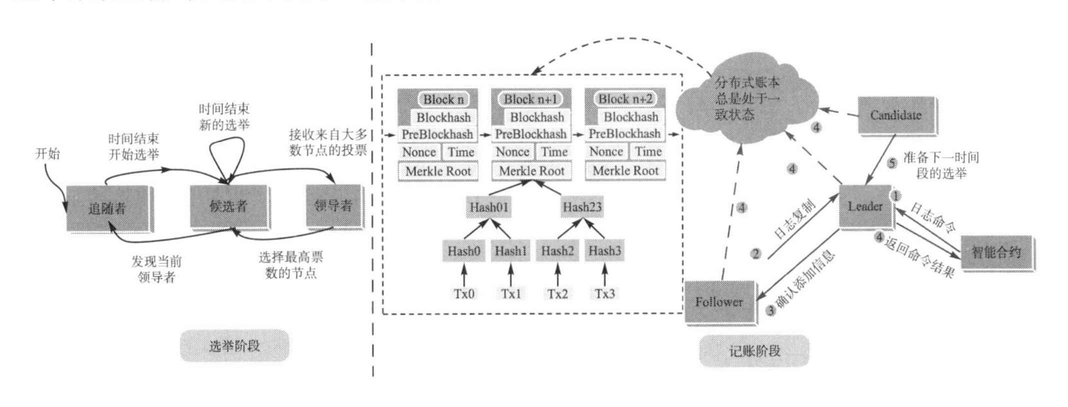

图 2.8　Raft 共识算法图

Raft 共识算法设置奖励机制以鼓励网络节点参与计算和记账，可提升面向隐私数据的计算能力和安全性能。Leader 节点将数据记录存入区块中，获得记账奖励。这将使所有节点都会为获得利益去争取 Leader 的记账功能，进而维护系统区块链网络的正常运行。由于一条数据记录的确切性质取决于此前的几条数据记录，而这些数据记录本身则依赖于历史数据记录，因此，即使有强大计算能力的恶意节点想要截取数据并自行生成链，也需验证整个链上现有的所有记录以及随后产生的记录，这将引起巨大的计算和能量资源消耗。因此，对于具有强大计算能力的节点而言，相比破坏网络正常运行或者篡改区块数据记录的收益，维护网络中区块的正常生成所获得的收益更高，即成为 Candidate 并参与竞选成为 Leader，能获得记账权利和更多的利益。

2.3 面向异构资源的边缘共享架构

随着智能移动设备的全球普及，人类已经进入了用户生成内容(user generated content，UGC)的时代，用户生成内容的数据爆炸带来了对网络带宽的无尽需求和巨大挑战，而新兴的边缘计算技术能有效地处理这些挑战。然而，边缘计算设备的资源异构性使得用户生成内容的近数据源处理颇有难度。在考虑用户生成内容服务的特性和资源异构性的基础上，本节设计基于“端-边-云”(device-edge-cloud，DEC)协作的异构资源共享架构。首先，DEC 建立边缘资源共享的层次化结构，对异构的计算、存储和通信资源进行虚拟化。其次，通过虚拟资源银行(virtual resource bank，VRB)发行虚拟资源货币(virtual resource coins，VRCs)进行边缘资源交易。最后，在网络边缘实现用户生成内容的数据处理和缓存。提出的 DEC 架构能够充分利用异构的边缘资源，保护用户的敏感数据，降低网络的流量负载，能适应后云计算时代中用户生成内容的快速发展。DEC 针对异构资源交易问题，创新性地引入用户生成内容形成闭环虚拟资源货币循环，并支持许多其他有应用前景的功能拓展(如信任管理和虚拟资源货币化)。

2.3.1 资源边缘共享架构设计

广泛部署的各种类型的物联网传感器正时时刻刻地收集大量感测数据，这些数据被上传到云服务器，利用强大的云计算进行数据处理。随着传感器数量和多维感测数据质量的不断提高，传感器数据在不久的将来必定面临网络传输能力的瓶颈。在数码相机、便携式存储和智能移动设备的技术突破和成熟市场的推动下，正在实现用户从内容消费者到内容生产者的转变，当下我们已步入用户生成内容的时代。用户生成内容对主流的内容分享和社交网络应用贡献了可观的流量，促进了内容服务的繁荣，在核心网络造成了不可忽视的数据流量负载，对网络带宽提出了巨大挑战。

云计算被互联网数据中心广泛应用于高效处理计算密集型任务。然而，云计算受到网络带宽瓶颈的限制，无法充分发挥其强大的计算能力来处理激增的用户生成的内容数据。边缘计算作为云计算的必要补充，提供了计算卸载、数据缓存、近数据源处理和快速业务响应等功能，极大地缓解了云服务器爆炸性增长的骨干业务数据的流量和带宽消耗[17, 18]。

为了降低数据传输成本，网络运营商和服务提供商不断探索创新边缘计算解决方案。例如，中国电信集团大力推进组播下移，将多播 iTV 业务从云服务器转移到网络边缘的宽带远程接入服务器，提高了服务质量和体验质量。通过将 iTV 源数据分布式地存储在宽带远程接入服务器中，可以对网络边缘的用户请求进行快速响应，减少骨干网的流量负载和 iTV 业务的整体延迟。

目前，已有较多研究成果研究资源共享问题。Luong 等[19]提到，可以利用经济学原理和定价模型来管理云计算资源。Chen 等[20]提出了边缘-云计算、缓存和通信的联合优化模型 Edge-CoCaCo。Nguyen 等[21]考虑了多种资源场景下边缘计算和服务的节点异构性，提出了资源共享解决方案。Chen 和 Hao[22]强调，高效的卸载方案可为任务优化分配计算资源，最小化延迟，同时节省智能设备的电池消耗。Zhou 等[23]将基于深度学习的数据验证与基于边缘计算的数据处理相结合，设计了鲁棒移动群智感知架构。

上述算法和架构考虑了边缘计算中设备和资源的异构性，设计了合理的资源共享架构。激增的用户生成内容正成为骨干网数据流量组成中最不可忽视的部分。然而，目前已有的研究工作未融合考虑资源异构性及用户生成内容的多样化特征。针对该问题，本节提出 DEC 架构，如图 2.9 所示。首先，DEC 建立共享边缘，以在资源平面上虚拟化异构的边缘资源。其次，由虚拟资源银行(VRB)发行虚拟资源货币(VRCs)，用于用户间的边缘资源交易。最后，在网络边缘对数据平面中的用户生成内容等数据进行卸载、缓存等操作。提出的 DEC 架构主要有以下特点。

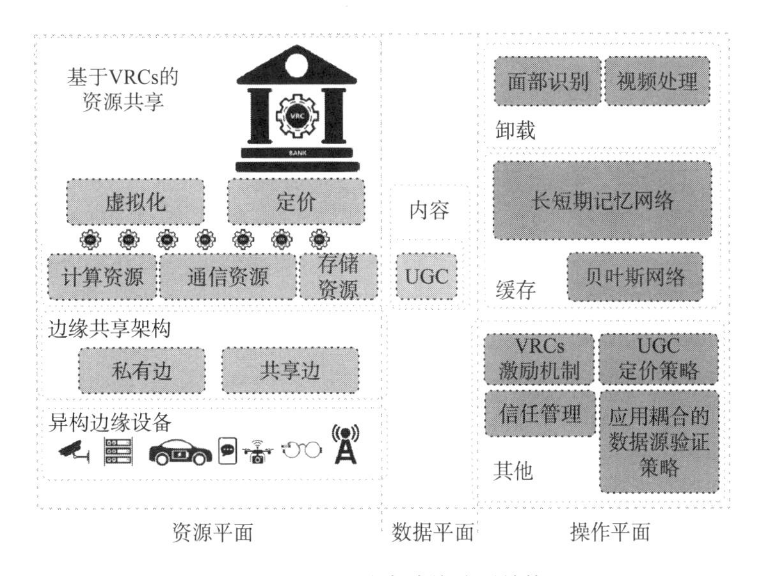

图 2.9　DEC 共享边缘分层结构

(1) 建立资源边缘共享的架构，充分利用闲置的边缘资源，实现结构安全和集中管理，实现异构数据的可定制化应用，实现边缘资源、设备所有者和内容发布者间的公平资源交易。

(2) 提出基于虚拟资源货币的边缘资源交易机制，供用户交易异构的边缘通信、计算和存储资源，以及支持内容发布者。用户生成内容可以参与边缘资源交易，并消耗盈余虚拟资源货币，形成闭环的虚拟资源货币循环。

(3) 在定价策略中创造性地利用资源密度激励资源共享，确保边缘资源服务的覆盖，而在资源交易中创新性地考虑用户生成内容分享平台中独特的社交互动，包括对用户生成内容的购买和对内容创作者的打赏。

在提出的 DEC 架构中，异构的通信、计算和存储资源均被虚拟化，以实现边缘设备之间以及设备所有者和内容发布者之间的公平资源交易。一般而言，互联网服务提供商或个人可能拥有多个边缘设备，包括个人桌面电脑、平板电脑、智能手机和边缘服务器。从结构安全和集中管理的角度考虑，提出建立共享边缘的结构，可将虚拟化的边缘资源集中起来。上述的异构边缘设备作为网络边缘中最小的元素，根据所有权动态形成私有边缘，设备所有者可以在自己的安全域(即私有边缘)内处理用户的敏感数据。在私有边缘的基础上建立共享边缘，可充分利用空闲的边缘计算资源协同处理计算密集型任务。

数据安全问题受到全球政府、学术界和业界的广泛关注。用户生成内容与传统流媒体数据在安全与隐私方面有显著的不同，如用户生成内容通常有明确的用途和传播范围，而共享边缘结构可以让用户清晰地定制和定义其各类数据的用途和传播范围。考虑到数据安全和身份隐私等问题，用户更倾向于在自己的私有边缘内处理此类应用的敏感视频数据。在提出的共享边缘结构中，敏感的原始视频数据被上传到可信的私有边缘进行图像处理(如人脸识别和车牌识别)，然后抽象的处理结果被上传到远程云。在私有边缘内处理敏感数据可以避免用户数据的非必要传播所带来的安全风险。此外，共享边缘能够从网络结构上支撑 DEC 架构实现异构边缘资源的共享。DEC 利用私有边缘之间的通信成本和私有边缘的计算负荷，来初始化共享边缘的拓扑结构。例如，图 2.10 中的共享边缘 B 包含 3 个私有边缘及其各自的边缘设备，可以为用户 A 的任务卸载提供异构边缘资源。

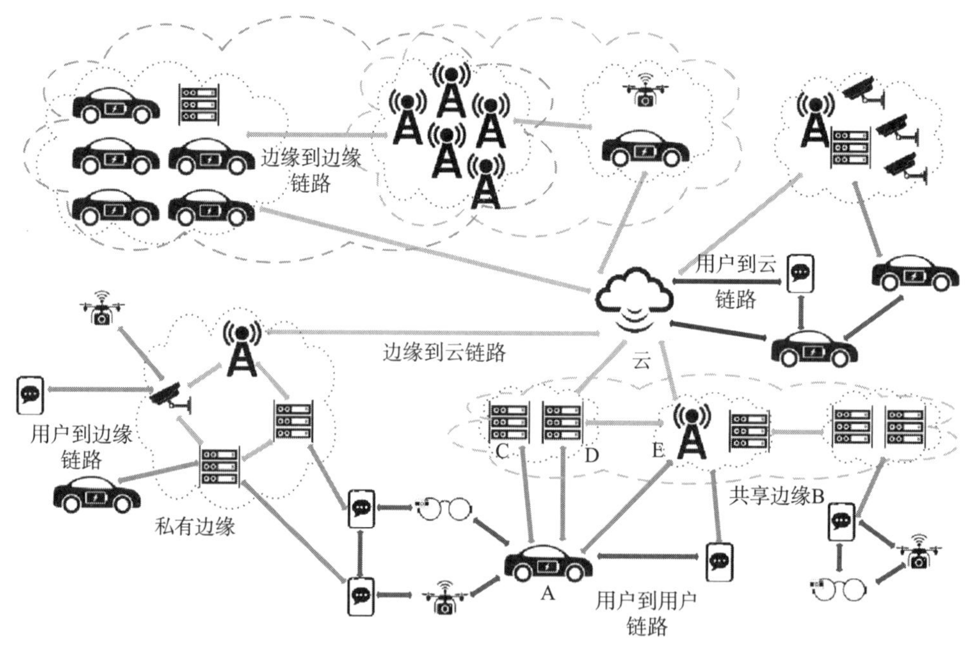

图 2.10 共享边缘网络结构

边缘计算弥补了网络带宽增长不够快的劣势，将计算任务卸载到网络边缘以减少核心网络的流量负载。许多研究表明，边缘设备到 UE 最后一跳的通信链路质量是计算卸载中最关键的因素。因此，DEC 架构基于通信开销对共享边缘结构进行初始化，并且通信资源也应被虚拟化以期提高利用率。边缘计算中的通信链路分为：边缘到云、边缘到边缘、用户到边缘、用户到云和用户到用户。由于链路容量有限和动态信道质量变化，DEC 架构采用链路质量评估技术，使用户能够合理自主地选择将计算任务卸载到云或边缘。此外，端到端链路的质量评估能够支撑基于私有边缘的共享边缘结构，链路质量评估技术可以有效地虚拟化通信资源。

尽管当前互联网数据的质量和数量均呈爆炸式增长，但许多边缘设备都尚有闲置的存储资源，因此可以充分利用这些存储资源进行内容缓存，以减少多媒体服务的端到端时延。目前，已有的缓存放置策略和缓存投递策略主要考虑边缘设备或内容分发节点的存储资源受限特性，基于内容流行度评估进行缓存决策。然而，由于隐私和安全问题，设备所有者并非都有意愿共享其边缘设备的存储资源。因而，在网络边缘应采取一定的激励机制来鼓励边缘设备所有者共享其边缘设备的存储资源以提供内容缓存服务。为提高边缘存储的利用率，提高视频服务的响应能力，首先必须对边缘存储资源进行格式化和虚拟化。

本节设计的 DEC 架构将网络边缘的通信、计算和存储资源虚拟化为可交易的服务，并创新地提供一种异构资源定价共享方法。此外，通过资源虚拟化可以屏蔽不同用户的边缘设备之间的异构性。

2.3.2　异构资源定价共享方法

网络边缘的计算和存储资源受限，云与用户之间的通信资源由于服务质量的不断提高仍然高度紧张，因此，需要对上述有限的边缘资源进行合理的调度和管理，以提高边缘计算的总体性能。

1. 虚拟资源银行和货币

DEC 架构为用户设计了一个新型的虚拟资源交易系统，包括虚拟资源银行、虚拟资源货币、共享边缘结构、异构边缘资源等。所涉及的虚拟资源包括通信、计算和存储资源以及用户生成内容。虚拟资源银行是边缘资源交易管理者利用区块链赋能的虚拟资源货币为各利益相关方提供匿名安全且公开透明的边缘资源交易平台，对异构资源进行差异化定价和交易确认。虚拟资源银行发布虚拟资源货币供用户交易资源和支持内容发布者。显然，虚拟资源交易系统的关键挑战在于资源定价策略的设计。如果统一全局资源价格，虚拟资源货币会向资源密集的私有边缘集中，损害其他用户对边缘资源的分享意愿。因此虚拟资源银行在定价策略中考虑资源密度以解决上述问题，促进资源共享，保证边缘计算服务覆盖率。机器学习被广泛应用于各种定价机制(如 Airbnb 定价)，虚拟资源银行采用定制深度强化学习模型来更新资源定价。通过深度强化学习模型对异构资源的价格进行学习和调整，以刺激边缘资源共享。显然，合理的资源价格可以激励设备所有者共享其可用资源。边缘设备所有者可以通过承诺提供一定数量的资源(即资源承诺)或其他类型的服务(如群智感知)，从虚拟资源银行处获得预付款，然后使用预付的虚拟资源货币购买所需资源，如图 2.11 所示。具体来说，虚拟资源货币采用区块链技术，对每笔资源交易进行验证以防范伪造攻击确保节点信誉评估可靠性。

2. 资源定价

首先，虚拟资源银行根据资源密度和边缘设备的总体负载水平设置虚拟通信资源的初始价格。用户通过虚拟资源货币购买通信资源，也可根据虚拟资源银行更新并发布的虚拟资源价格出售通信资源。传统数据传输范式都采用激励机制来鼓励协作数据转发。DEC 架构在网络边缘利用虚拟资源货币激励边缘协作通信。此外，虚拟资源货币除了购买边缘设备的通信资源外，还可支撑用户到用户的通信资源共享。

随后，虚拟资源银行根据资源密度和每个中央处理器指令周期的平均能源成本设置虚拟计算资源的初始价格，其中，平均能源成本是边缘计算资源处理卸载任务的代价，即功率/算力。出于隐私方面的考虑，用户通常会将计算密集型任务卸载到自己的私有边缘。然而，一些计算任务可能需要大量算力或需要立即响应，超出了单个普通用户私有边缘的能力。因此，虚拟资源货币可作为边缘设备所有者之间计算资源的交换媒介。此外，智能设备在处理用户卸载的任务时，用户可能漫游到其他私有边缘，导致复杂的计算迁移和资源占用情况。DEC 架构利用虚拟资源货币进行复杂的异构资源共享，并不需要额外的激励机制。如图 2.11 所示，用户在其私有边缘处理自己的视频任务，用户的无人机使用虚拟资源货币购买私有边缘资源并卸载任务，无人机所有者为其所使用的通信和计算资源付费。

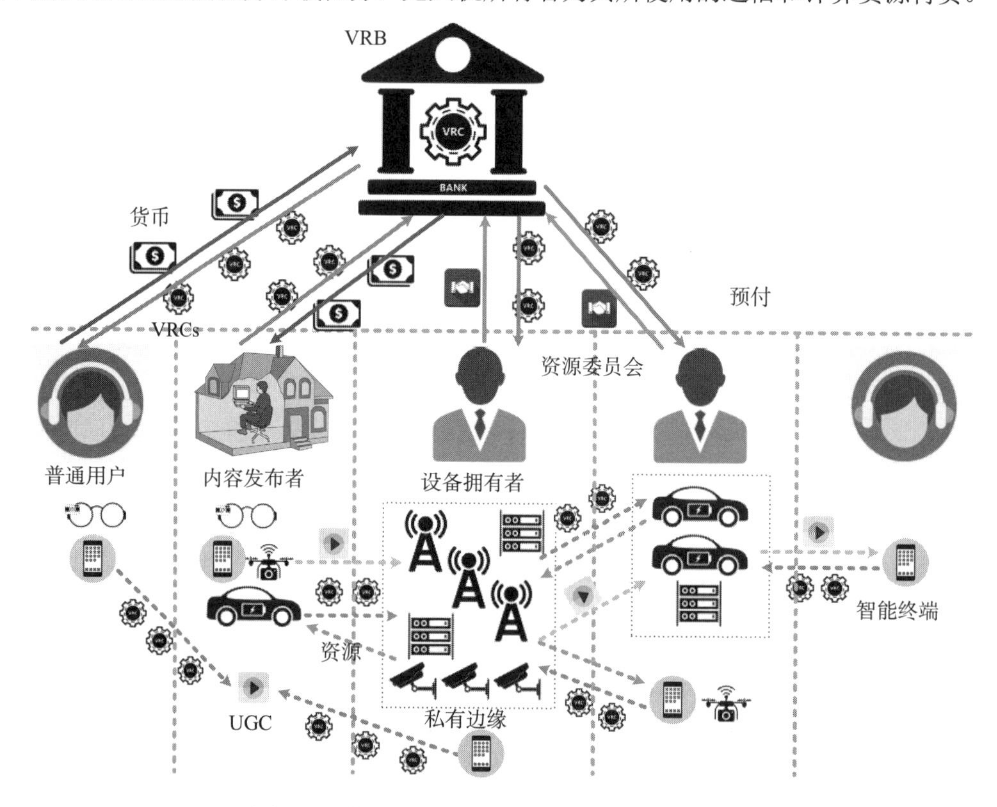

图 2.11　基于虚拟资源货币的异构资源交换系统

由于边缘智能设备通常配备廉价、大容量、未充分利用的存储资源，网络边缘的存储资源利用率较低。为解决该问题，研究人员提出了许多内容缓存机制以改善延迟敏感视频内容服务的边缘存储，但大多数研究都忽略了个人边缘设备共享其存储的根本动机。因此，DEC 架构中虚拟化存储资源的共享也由虚拟资源货币驱动。但是，存储资源的交易与通信和计算资源有较大差异，因为所请求的内容项必须事先由边缘设备缓存，然后再出售，以赚取虚拟资源货币。此外，内容发布者可以选择性地购买并主动利用网络边缘的存储资源，提高其内容的服务质量(QoS)和用户体验质量(QoE)。因此，这种主动式的存储资源交易涉及内容的存储时长和大小。针对这些特点，虚拟资源银行根据加权内容大小和存储时长对网络边缘的虚拟存储资源进行定价。

用户生成内容作为一种特殊的虚拟资源，应被合理定价，这样不仅可以激励内容创作，还可以形成虚拟资源货币的闭环流动。尽管当前有许多新兴的知识付费服务，但用户生成内容的分享最初是由创作者的兴趣驱动的，内容创作者希望获得意见、点赞和评论。渐渐地，一些用户生成内容创作者通过广告赚取收入，少数创作者甚至依靠出售内容赚钱。相反，用户生成内容浏览者对创作者的打赏趋势逐渐明朗，越来越有可能给创作者打赏，这是许多内容分享平台中的核心社交互动逻辑。因此，DEC 架构设计了用户生成内容评价策略，并结合面向服务应用的来源验证策略，赋能用户生成内容共享和打赏。通过面向服务应用的来源验证策略，原创内容发布者可以安全地接受打赏或内容出售的款项。此外，用户生成内容评价策略利用内容浏览者的一键评论来量化内容质量，为用户的内容购买或打赏行为提供参考，并为平台分析用户信誉和内容发布者获取观众反馈提供参考。具体来说，用户生成内容的价格由发布者设定，而打赏的金额则由内容浏览者决定。

虚拟资源银行通过定制深度强化学习模型不断更新和维护边缘资源定价。在 DEC 架构中，设备拥有者互相交易虚拟化的通信、计算和存储资源，普通用户购买并打赏用户生成内容，形成了虚拟资源货币的闭环循环。此外，虚拟资源货币可与用户行为评估机制协作，以实现对边缘设备、设备所有者、内容发布者和普通用户的信誉管理。虚拟资源银行作为信誉管理中心，在发现恶意行为时(如伪造虚拟资源货币、虚假转发、伪造任务卸载结果等)，对相应的不当行为进行记录和处罚。传统的信誉/信任管理机制根据发现的恶意行为衰减节点的信任值，将有过多不当行为的节点加入黑名单，虚拟资源银行可以很好地补充传统信誉/信任管理机制，既鼓励资源共享，又处罚不当行为。

3. 基于虚拟资源货币的资源交换

在计算卸载方面，用户可以将部分或全部的计算任务卸载到边缘设备或远程云。DEC 架构中的用户根据数据隐私要求、任务时延要求、可用资源和资源成本进行任务卸载决策。虚拟资源货币的另一个优点是，用户可以用其购买通信资源以提高通信质量。此外，基于虚拟资源货币的计算卸载和协作通信可以支持并进一步增强从有线边缘设备到能量受限智能终端的无线能量传输。目前市场上的智能终端(如无人机、电动汽车、平板电脑和手机)具有越来越强的处理能力，甚至比传统的台式机更强，这些智能终端在充电时，可以为私有边缘增强计算和通信能力。

随着用户生成内容的普及，内容的质量和数量激增，其相应的处理需求进一步刺激了边缘计算的蓬勃发展。在后云时代，边缘计算作为用户与云之间的数据处理和传输中介，不仅可以为用户生成内容创作者提供内容缓存，还可以为内容创作者提供数据处理服务。因此，必须对用户生成内容的卸载处理和数据缓存进行综合评估，以赋能用户生成内容相关的边缘计算“杀手锏”应用。

现有的内容缓存策略大多基于网络服务提供商对内容流行度预测和公平的公用缓存

基础设施，忽视了个人拥有的海量强大边缘设备的潜在贡献。一方面，内容分发平台或网络服务提供商利用内容缓存策略优化从云到网络边缘的内容缓存和服务。另一方面，用户生成内容数据在网络边缘进行上传、处理和缓存，可以减轻核心网的流量负荷。因此，DEC 架构利用长短期记忆循环神经网络记录和分析内容请求历史(即内容名称、时间戳、请求者身份)，评估内容流行度，预测全局流行内容。这些全局流行内容作为边缘缓存的决策参考，以提高内容服务的 QoS 或虚拟资源货币盈利。但用户生成内容从边缘设备上传到远程云后，可能会被删除，以释放缓存空间。如果其他用户请求已被删除的用户生成内容，边缘设备将不得不再次从云端抓取，即增加核心网流量负载。此外，由于边缘设备的覆盖范围和社会关系有限，在同一物理区域内访问同一边缘设备的用户在逻辑上可能会请求相同或相似的内容。是否在边缘设备缓存某个处理过的用户生成内容取决于该内容在本地的流行度。DEC 架构通过在网络边缘部署低复杂度的深度学习模型，如门控递归单元等，学习本地内容请求历史，提取本地内容请求的相似性，以预测本地热门内容。例如，如果访问同一边缘设备的用户经常请求某个特定发布者的用户生成内容，那么其下一内容被再次浏览的可能性就很高，而缓存这些本地流行的内容可以获得很高的收益。因此，边缘设备可差异化地缓存本地热门内容以减少核心网流量负载并赚取虚拟资源货币。

相反，从用户生成内容请求者的角度来看，所请求的内容可能不被任何边缘设备缓存，远程云此时会通过边缘设备将该内容发送给请求者。但是，如果某些边缘设备已经缓存了请求的内容，DEC 架构则结合上述面向服务应用的来源验证策略，评估内容传输成本，以选择适当的数据源。

为了合理利用边缘资源，DEC 架构分析用户使用的应用程序进行缓存更新的记录。一般情况下，将延迟敏感视频业务数据缓存到网络边缘，可以显著提高 QoS 和 QoE。视频服务的应用程序使用规律与日常生活规律高度相关。例如，用户更有可能在午餐和晚餐后使用视频服务，而不太可能在深夜和清晨使用视频服务。由于数据安全和身份隐私的需求，通过在私有边缘部署贝叶斯网络，边缘设备所有者可以了解视频服务本地应用的使用情况，预测用户访问边缘设备和请求视频内容的时间，并更新边缘缓存策略。在隐私边缘内处理视频服务应用使用的敏感数据，保证数据安全和身份隐私。

2.4 本章小结

面向当前智能化、多样化、个性化的网络服务对海量异构资源的可信共享需求，本章基于边缘计算架构总体思想，首先提出了以知识为中心的边缘计算架构 KCE，考虑用户间的社会属性关系，为网络边缘注入知识，实现 UE 资源的优化分配；其次，设计了区块链赋能的边缘隐私保护架构，有效解决了传感器节点的合法性验证，以及防止用户隐私信息被恶意攻击的问题；最后，提出面向异构资源的边缘共享架构，提升面向海量异构资源的可信边缘共享水平。

参 考 文 献

[1] 工业和信息化部运行监测协调局. 2021 年通信业统计公报[EB/OL]. (2022-01)[2024-10-12]. https://www.miit.gov.cn/gxsj/tjfx/txy/art/ 2022/art_e8b64ba8f29d4ce18a1003c4f4d88234.html.

[2] 王廷，刘刚. 支持网络切片和绿色通信的软件定义虚拟化接入网[J]. 计算机研究与发展，2021，58(6)：1291-1306.

[3] 贾海宇，陈佳，王铭鑫. 无线接入网络中网络功能虚拟化研究综述[J]. 电信科学，2019，35(1)：97-112.

[4] Liang C C，Yu F R. Wireless virtualization for next generation mobile cellular networks[J]. IEEE Wireless Communications，2015，22(1)：61-69.

[5] Liang K，Zhao L Q，Chu X L，et al. An integrated architecture for software defined and virtualized radio access networks with fog computing[J]. IEEE Network，2017，31(1)：80-87.

[6] Liu J Q，Wan J F，Zeng B，et al. A scalable and quick-response software defined vehicular network assisted by mobile edge computing[J]. IEEE Communications Magazine，2017，55(7)：94-100.

[7] Li M，Yu F R，Si P B，et al. Energy-efficient M2M communications with mobile edge computing in virtualized cellular networks[C]//2017 IEEE International Conference on Communications (ICC). Paris：IEEE，2017：1-6.

[8] Wang Z，Sun L F，Zhang M，et al. Propagation-and mobility-aware D2D social content replication[J]. IEEE Transactions on Mobile Computing，2017，16(4)：1107-1120.

[9] Wang M J，Yan Z. A survey on security in D2D communications[J]. Mobile Networks and Applications，2017，22(2)：195-208.

[10] Liu G C，Yang Q，Wang H G，et al. Assessment of multi-hop interpersonal trust in social networks by three-valued subjective logic[C]//2014 IEEE Conference on Computer Communications (INFOCOM). Toronto：IEEE，2014：1698-1706.

[11] He W L，Xu W Y，Ge X H，et al. Secure control of multiagent systems against malicious attacks：A brief survey[J]. IEEE Transactions on Industrial Informatics，2022，18(6)：3595-3608.

[12] Gai K K，Ding Y L，Wang A，et al. Attacking the edge-of-things：A physical attack perspective[J]. IEEE Internet of Things Journal，2022，9(7)：5240-5253.

[13] Salayma M，Al-Dubai A，Romdhani I，et al. Reliability and energy efficiency enhancement for emergency-aware wireless body area networks (WBANs)[J]. IEEE Transactions on Green Communications and Networking，2018，2(3)：804-816.

[14] Li X H，Zhao N，Sun Y，et al. Interference alignment based on antenna selection with imperfect channel state information in cognitive radio networks[J]. IEEE Transactions on Vehicular Technology，2016，65(7)：5497-5511.

[15] Raza S F，Naveen Ch，Satpute V R，et al. A proficient chaos based security algorithm for emergency response in WBAN system[C]//2016 IEEE Students' Technology Symposium (TechSym). Kharagpur：IEEE，2016：18-23.

[16] 黄冬艳，李浪，陈斌，等. RBFT：基于 Raft 集群的拜占庭容错共识机制[J]. 通信学报，2021，42(3)：209-219.

[17] Satyanarayanan M. The emergence of edge computing[J]. Computer，2017，50(1)：30-39.

[18] Chen M，Hao Y X，Lin K，et al. Label-less learning for traffic control in an edge network[J]. IEEE Network，2018，32(6)：8-14.

[19] Luong N C，Wang P，Niyato D，et al. Resource management in cloud networking using economic analysis and pricing models：A survey[J]. IEEE Communications Surveys & Tutorials，2017，19(2)：954-1001.

[20] Chen M，Hao Y X，Hu L，et al. Edge-CoCaCo：Toward joint optimization of computation，caching，and communication on edge cloud[J]. IEEE Wireless Communications，2018，25(3)：21-27.

[21] Nguyen D T，Le L B，Bhargava V. Price-based resource allocation for edge computing：A market equilibrium approach[J]. IEEE Transactions on Cloud Computing，2018，9(1)：302-317.

[22] Chen M，Hao Y X. Task offloading for mobile edge computing in software defined ultra-dense network[J]. IEEE Journal on Selected Areas in Communications，2018，36(3)：587-597.

[23] Zhou Z Y，Liao H J，Gu B，et al. Robust mobile crowd sensing：When deep learning meets edge computing[J]. IEEE Network，2018，32(4)：54-60.

第3章　负载均衡的边缘任务调度技术

可信边缘服务技术通过将计算密集型或对延迟敏感型任务卸载到边缘服务器，能有效降低网络带宽，解决服务实时性和安全性等问题。但是，多个边缘服务器的负载不均衡将严重影响可信边缘网络服务能力，针对此问题，边缘任务调度技术被认为是保证用户服务质量的有效方法，因此，本章提出一种适用于边缘计算场景的任务调度策略。首先，根据服务器的负载分布情况衡量整个网络的负载均衡度，结合强化学习方法，为任务匹配合适的边缘服务器，以满足传感器节点任务的资源差异化需求；然后，构造任务时延与终端发射功率的映射关系以满足物理域的约束，结合终端用户社会属性，为任务不断地选择合适的中继终端，通过终端辅助调度的方式实现网络的负载均衡。

3.1　边缘任务调度研究现状及主要挑战

3.1.1　边缘任务调度研究现状

通过在接近用户的无线接入网范围内提供便捷的计算和处理服务，MEC 已经被广泛应用到物联网、移动大数据分析等多种场景[1-5]。物联网通过将广泛区域内的大量智能设备互联，成为智慧城市和互联社区高级应用的一部分，但边缘服务器的负载不均衡问题仍然是物联网面临的主要挑战。移动边缘计算通过调度海量空闲边缘终端，利用端到端通信辅助调度的方式支持物联网应用，减少了任务的延迟，避免了将任务迁移到远端云中心服务器造成的网络拥塞[6-8]。边缘任务调度通过将计算密集型或延迟敏感型任务卸载到邻近的边缘服务器，以减少响应延迟，提高服务质量，被认为是保证用户服务质量的有效方法[6]。当 MEC 计算资源分配不均衡而造成资源浪费问题时，如何设计相应的边缘计算任务调度策略至关重要。

国内外研究人员针对 MEC 的任务调度问题提出了多种解决方案，已有研究内容主要是通过用户匹配理论、启发式调度算法、共享协作计算、博弈论、边云协同方法、李雅普诺夫(Lyapunov)优化算法、异构边缘与任务调度(heterogeneous edge and task scheduling，HETS)算法、分布式学习方法等来设计边缘计算调度策略。

1. 用户匹配理论

文献[9]研究了多 MEC 框架下的资源分配与任务调度问题，作者将任务调度问题转化为 UE 与基站的匹配问题，提出的匹配算法可以最大化服务提供商的收益。但是，该文献不涉及边缘节点计算资源与带宽资源的动态分配，即该算法的系统模型中假定任务在边缘服务器的计算开销与传输的带宽开销是已知的。

2. 启发式调度算法

文献[10]为了更好地利用城域光网络中的边缘服务器来支持延迟敏感和计算密集型的任务，将任务分为两类进行建模并提出了任务最优分配问题。在此基础上，设计并实现了一种基于遗传算法的启发式任务协同卸载算法。文献[11]在车联网场景中根据可用计算资源、有效连接时间和任务预期的分布，将车辆分类到多个协作边缘服务器上，在此基础上设计了一种分布式聚类策略，提出了以系统服务收益最大化为目标的分配问题，在全局任务需求统计下进行周期性调度。为了便于求解，该文献提出了一种在线启发式算法，在保证所有计算服务器的资源容量不超过新任务的情况下，实时进行卸载决策。文献[10]和文献[11]所建立的任务模型均为独立模型，即每个用户的任务之间不具有依赖关系，而随着移动互联网新型业务的不断发展，大型应用程序往往由多个具有依赖关系的任务构成。

3. 共享协作计算

文献[12]提出一种将数据和任务在边缘设备之间共享的协作边缘计算模式来实现任务的调度，通过对任务数据输入和网络流量联合建模来最小化任务完成的总体时间。文献[11]设计了一种在车联网场景中的分布式聚类策略，根据可用计算资源、有效连接时间和任务预期截止日期的分布，将车辆分类任务调度到多个协作边缘服务器，以通过更短的卸载任务时延获得最高的服务收益。文献[11]和文献[12]只将边缘任务建模为任务完成时间最小化问题，没有考虑到任务调度对整个网络负载均衡的影响。

4. 博弈论

文献[13]在车联网场景下，提出了一种有效的部分任务卸载和自适应任务调度算法，使系统整体收益最大化。在此基础上，构建了一个非合作博弈，推导出车辆用户的收益以达到用户与网络运营商之间的均衡。该文献仅从车辆用户角度出发，将问题建模为车辆用户收益最大化问题，没有考虑到任务调度对整个网络负载均衡的影响。文献[14]将负载均衡问题抽象为群体博弈以分析总体卸载决策，并通过博弈论动态分析了移动用户的总体卸载决策，并表明博弈总是能达到纳什均衡，在此基础上，提出了两种基于演化动力学和修订协议的负载均衡算法。该文献在实现负载均衡时，只考虑了任务在服务器端的调度策略，缺乏对任务传输过程的分析。

5. 边云协同方法

文献[15]将任务和用户之间的通信开销映射到网络中，将调度问题转化为最小代价最大流量问题，针对现有基于流的调度算法在处理多维资源方面存在的缺陷，提出了一种边缘-云协同混合调度的方式，首先提取任务的特征，然后进行任务在云或边缘的执行决策。文献[16]提出了一种基于深度强化学习控制器的云边协同计算框架。在此基础上，建立了兼顾用户利益和服务提供者利益的系统 QoS 模型。利用深度 Q 网络，提出了一种基于深度强化学习的协同任务布置算法，以实现目标系统效用的动态优化。文献[15]和文献[16]仅从任务终端的角度出发，将问题建模为时延最小化问题，没有考虑到任务调度对整个网络负载均衡的影响。

6. 李雅普诺夫(Lyapunov)优化算法

文献[17]研究了基站之间的对等卸载问题，通过集中式的 Lyapunov 优化算法和分布式的非合作博弈来解决存在的负载不均衡问题。文献[18]通过负载均衡使协作 MEC 服务器的计算资源利用率最大化，为了解决这一问题，设计了一种基于 Lyapunov 优化算法的集中成本管理算法，以获得在电池电量稳定约束下的最优系统平均成本，并提出了两种基于乘子交替方向法的分布式资源分配算法。文献[17]和文献[18]在实现负载均衡时，只考虑了任务在服务器端的调度策略，缺乏对任务传输过程的分析。

7. 异构边缘与任务调度算法

文献[19]提出的异构边缘与任务调度(heterogeneous edge and task scheduling，HETS)算法分析了任务在边缘或者云服务器的延迟和能耗，并提出一维搜索算法以找到最优任务调度策略。文献[20]研究了 MEC 辅助 6G 网络中的多目标任务调度问题，提出了一种基于改进多目标布谷鸟搜索算法的异构边缘与任务调度算法，旨在降低 UE 的感知时延和能量消耗。文献[19]和文献[20]在实现负载均衡时，只考虑了任务在服务器端的调度策略，缺乏对任务传输过程的分析。

8. 分布式学习方法

文献[21]在车联网背景下提出了基于社会属性的车辆间数据转发机制，以分布式的方式学习车辆的社交特征，并选择中心性更强的车辆作为转发车辆，但是，该文献未考虑传输过程中频谱复用干扰对终端选择的影响。文献[22]研究了大规模分布式学习场景下的多终端计算任务调度问题，将平均完成时间描述为计算负载的函数，分配给终端的任务按任务顺序计算，每一轮计算都可以模拟随机梯度下降算法的迭代。但是，该文献并未采用更先进的方法来减少通信负载，例如采用压缩或量化的方法进行梯度参数压缩。

3.1.2　边缘任务调度主要挑战

通过将计算密集型或对延迟敏感的任务卸载到边缘设备或附近的边缘服务器，可有效保证用户服务质量。随着边缘计算应用进一步深入，对边缘任务调度的研究也提出了更高的要求。边缘任务调度主要有以下四方面的挑战。

1. 调度内容选择

边缘计算通过将云服务器的工作负载卸载到边缘设备和边缘服务器来减少服务延迟和网络带宽。因此，在边缘-云共存环境中，必须对在云服务器执行的原始工作负载进行划分，并且选择其中的部分工作负载在边缘设备和边缘服务器上运行。此外，本地计算资源不足以运行复杂的应用程序，精准选择卸载到边缘设备的工作负载可以帮助实现更低的延迟和更高的系统性能。因此，调度内容选择是边缘任务调度面临的首要挑战。

2. 调度时间安排

利用边缘设备的计算、存储、联网功能，计算分流可以为计算密集型应用程序和服务提供较低的延迟。由于网络条件在应用程序执行期间动态变化，工作负载卸载决策必须确定何时应卸载工作负载，即任务调度程序必须考虑所有条件和系统状态来寻找卸载机会。例如，在网络拥塞期间进行数据缓存可以明显改善系统性能；然而，当云服务器的连接足以进行数据通信时，可以将大量数据传输到云服务器。

何时卸载的问题可以转化为以下问题：卸载工作负载的确切时间间隔可以在带宽、能耗等成本或开销最小使用情况下实现最佳性能收益，由于网络连接的动态性和边缘设备的可用性问题，精确的工作负载卸载时间编排是提供更好的系统性能和降低资源开销的关键。

3. 调度目标选择

通过将分区任务调度到目标边缘设备和边缘服务器可以最终实现工作负载卸载。目标边缘设备和边缘服务器的选择涉及多个目标优化，包括性能、能耗、网络带宽和数据隐私保护。具体来说，任务调度应考虑整个系统状态，包括网络状态、任务要求、设备信息等。例如，若网络带宽足够，则可以选择云服务器来执行工作负载，否则可以选择边缘服务器或本地服务器作为执行任务的目标位置；如果任务对时延要求较高，则边缘服务器是执行任务的理想位置。由此可见，调度目标选择是边缘任务调度面临的重要挑战。

4. 能耗服务均衡

边缘节点数量的增加以及对它们的数据分析服务的增加导致边缘和云的能耗都大大增加。高能耗会导致更高的系统运行成本和更低的系统可靠性。因此，能耗感知也是优化计算卸载决策的关键因素[23-25]。将计算负载转移到边缘节点能够节省能源，增强处理能力，但是在降低能耗的同时，移动设备与边缘节点以及云服务器之间的通信质量会降低，从而导致某些任务执行超时，影响应用程序的整体性能。因此，计算与通信之间的能耗服务均衡是边缘任务调度的重要挑战。

3.2 边缘任务调度模型

本章的网络模型如图 3.1 所示。小区中心部署宏基站(macro base station，MBS)负责管理用户之间的通信状态以及监测边缘服务器的负载状态，边缘服务器部署在相应的毫微微蜂窝(femtocell)小区，负责接收传感器节点的任务并提供计算和存储服务，图 3.1 同时显示了用户间的干扰情况。

毫微微蜂窝小区用户和终端用户彼此占用正交的频谱资源，且复用宏蜂窝小区的频谱资源，因此，需要考虑终端通信和毫微微蜂窝用户通信对蜂窝用户通信造成的干扰。定义传感器设备、移动设备和边缘服务器的集合分别为：$M=\{1,2,\cdots,m\}$、$N=\{1,2,\cdots,n\}$、$K=\{1,2,\cdots,k\}$，其中蜂窝用户(cellular user，CU)直接与宏基站通信，毫微微蜂窝用户(femtocell user，FU)代表与毫微微蜂窝基站通信的用户，端到端通信用户(device-to-device user，DU)代表利用终端通信技术直接进行通信的用户。

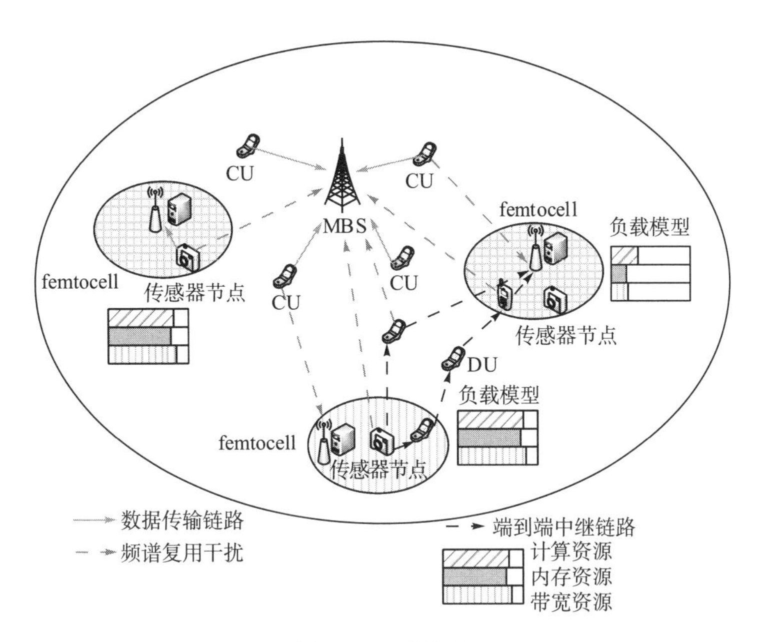

图 3.1　网络模型

在边缘计算网络中，任务会根据自身的属性以及网络的负载状态，选择在传感器节点处或者在边缘服务器上进行计算。当边缘服务器处于过载状态时，需要将任务调度到其他相对空闲的服务器上，以实现边缘服务器之间的负载均衡。本章提出将任务通过终端通信交付给合适的中继，再通过中继辅助卸载到目的边缘服务器上的方案。然而由于网络的复杂性，终端通信往往面临多次中继选择的问题，这容易导致任务传输的时延超过任务本身的时延要求。因此，本章在中继选择方面加入了功率因素对时延约束的影响。

由于终端传输需要复用蜂窝用户的上行链路资源，蜂窝用户对终端通信的信号干扰噪声比(signal to interference plus noise ratio，SINR)：

$$\gamma_{i,r_i^1}=\frac{P_{\mathrm{DU}i}\left|h_{i,r_i^1}\right|^2}{P_{\mathrm{CU}_c}\left|h_{\mathrm{CU}_c,r_i^1}\right|^2+\sigma^2} \tag{3.1}$$

其中，$P_{\mathrm{DU}i}$、P_{CU_c} 分别为传感器节点 i 和复用的蜂窝用户 c 的发射功率；h_{i,r_i^1} 为源节点 i 与第 1 个中继节点之间的信道增益；h_{CU_c,r_i^1} 为干扰蜂窝用户与中继之间的信道增益；σ^2 为加性高斯白噪声的功率。

考虑工作在全双工模式下终端辅助通信，假设共需要 z 个中继终端，因此，可实现的端到端数据速率可以推导为

$$R_i^{\mathrm{D2D}}=B\log_2[1+\min(\gamma_{i,r_1},\gamma_{r_i^1,r_i^2},\cdots,\gamma_{r_i^z,j})] \tag{3.2}$$

其中，B 为终端通信链路分配的带宽；γ_{i,r_1}、$\gamma_{r_i^1,r_i^2}$ 分别为节点 i 与第 1 个中继节点的 SINR、第 1 个中继节点与第 2 个中继节点的 SINR。

3.3 负载均衡的边缘服务器选取方法

3.3.1 算法描述与负载模型

为了有效地实现边缘网络的负载均衡，首先要确定卸载任务和服务器的匹配关系。该问题可以通过寻找最佳的调度策略向量来解决，调度决策向量决定任务分配到本地边缘服务器或其他边缘服务器。传统的方案是将优化问题转化为凸优化问题进行求解，但是，传感器节点不断地采集信息，卸载任务数量不断发生变化，调度决策向量也会发生快速变化，导致该方法可能造成损失，且对于大规模调度系统来说实现难度较高。因此，本节提出一种基于强化Q学习的自动意图选择(reinforced Q-learning-automatic intent picking，RQ-AIP)算法，采用强化 Q 学习的方法来寻找最优调度策略。Q 学习是强化学习的典型代表，它通过代理(Agent)的行为策略在环境中的反馈来进行学习，以迅速收敛到最优的调度结果，并可以通过确定的最优调度策略来实现负载均衡。

在任务分配过程中，任务能否在某一边缘服务器上成功执行与服务器的资源是否足够有很大的关系，因此需要考虑待分配服务器的实时负载。同时，现在的计算密集型任务往往伴随着大量的数据。例如，视频监测具有大量的图片数据，因此服务器资源不仅包括 CPU 资源，还包括用于存储任务产生数据的内存资源，以及用于数据传输的带宽资源。本章假设服务器工作负载状态可由 CPU 利用率、内存利用率和带宽利用率这三个向量来表示，即 $\lambda = (\text{CPU}, \text{mem}, \text{band})$， λ 为状态向量。

3.3.2 基于强化 Q 学习的服务器选择算法

本节提出一种边缘智能服务器选择算法，该算法可根据不同调度决策下的网络负载均衡度进行学习。小区中心的宏基站负责收集不同服务器的负载状态以及传感器节点的实时任务分布，并将学习的结果保存下来用以进行下一步的终端选择过程，整个过程将在表 3.1 所示的算法 1 中表示。下面将分别介绍状态、动作、奖励函数。

表 3.1 基于 Q 学习的服务器选择算法

算法 1：基于 Q 学习的服务器选择算法
输入：任务 i ，边缘服务器集合 $K = \{1, 2, \cdots, k\}$
输出：对于任务 i 的最优服务器选择
1：**for** each episode
2：　　选择一个随机起始状态 S_t
3：　　**for** each step **do**
4：　　　　从状态 s 的所有可能行为里选择一个行为 a
5：　　　　执行行为 a 并获得奖励 s'
6：　　　　计算 $Q(s,a) \leftarrow Re(s,a) + \zeta \times \max[Q(s', \text{all action})]$
7：　　　　更新状态 $s \leftarrow s'$
8：　　　　直到 $\boldsymbol{Q}$ 矩阵稳定
9：end for
10：end for

1. 状态

学习过程中的状态对应任务调度到某一服务器后的网络的负载状况。设系统中有 b 个延迟容忍型任务，每个任务都可能调度到任何一个服务器上去执行，因此整个系统中共有 k^b 种状态。本节用负载均衡度来衡量整个网络的负载均衡情况。

首先根据所有服务器的负载情况计算出整个网络不同资源的负载中心值，然后根据中心值求出负载均衡度。负载中心值的计算如式(3.3)所示：

$$l_q = \frac{1}{k}\sum_{j=1}^{k}\text{ava\_re}_j^q \tag{3.3}$$

其中，ava_re_j^q 为服务器 j 上可用的 q 资源的数量；k 为服务器的数量。则负载均衡度 l_b 求解如式(3.4)所示，其中，l_q^{j*} 和 l_q^{*} 分别为 j 服务器上 q 资源以及 q 资源负载中心值的归一化结果。具体过程如式(3.5)与式(3.6)所示：

$$l_b = \frac{1}{k}\sum_{q=1}^{3}\sum_{j=1}^{k}(l_q^{j*} - l_q^{*})^2 \tag{3.4}$$

$$l_q^{j*} = \frac{l_q^j - l_q^{\min}}{l_q^{\max} - l_q^{\min}} \tag{3.5}$$

$$l_q^{*} = \frac{l_q - l_q^{\min}}{l_q^{\max} - l_q^{\min}} \tag{3.6}$$

定义负载均衡因子 ε_{ij} 衡量任务 i 分配到服务器 j 上后服务器的实时负载情况，具体计算公式如式(3.7)所示：

$$\varepsilon_{ij} = \sum_{q=1}^{3} w_{ij}^q(1-\mu_{ij}^q) \tag{3.7}$$

其中，$q=1$ 表示 CPU 资源，$q=2$ 表示内存资源，$q=3$ 表示带宽资源；w_{ij}^q 为任务 i 分配到服务器 j 后每种资源在该服务器 3 种资源中所占的权重；μ_{ij}^q 为任务 i 分配到服务器 j 上后 q 资源的使用率，如式(3.8)所示：

$$\mu_{ij}^q = \frac{\text{req\_re}_i^q}{\text{ava\_re}_j^q} \tag{3.8}$$

req_re_i^q 为任务 i 请求 q 资源的数量。ava_re_j^q 的计算如式(3.9)所示：

$$\text{ava\_re}_j^q = \text{tot\_re}_j^q - \sum_{i=1}^{d}\text{req\_re}_i^q \tag{3.9}$$

其中，d 为已经分配到服务器 j 上的任务的个数；tot_re_j^q 为 j 服务器上 q 资源的总量。

2. 动作

动作定义为调度决策变量 $A\{a_1,a_2,\cdots,a_m\}$，$a_i=\{e_i^1,e_i^2,\cdots,e_i^k\}$，其中，$\sum_{j=1}^{k}e_i^k=1$ 表示一个任务只能调度到一个边缘服务器上去执行。

3. 奖励函数

本章致力于最小化整个网络的负载均衡度，而强化学习的目标是获得最大的奖励，奖励与目标负相关。因为最优情况下的负载均衡度为 0，强化学习的奖励函数定义为 $Re(s,a)=0-l_b(s,a)=-l_b(s,a)$，其中 s、a 是当前的状态和动作，$l_b(s,a)$ 是在该状态和动作下的负载均衡度。如果在某个服务器上执行时服务器处于过载或满载情况，则奖励值为-1。

本节在强化学习过程中使用了 Q 学习算法，它记录了每个状态的 Q 值。对于每一步，计算 $Q(s,a)$ 并存储在 Q 表中，这个值可以被认为是一个长期的奖励。$Q(s,a)$ 可以表示为

$$Q(s,a)=Re(s,a)+\zeta\cdot\max Q(s',a') \tag{3.10}$$

其中，$Re(s,a)$ 为初始状态下的奖励；s'、a' 为下一个状态和动作。定义 ζ 为学习参数，取值范围 $0\leqslant\zeta\leqslant1$。如果 ζ 趋近于 0 则意味着主要考虑直接奖励，如果 ζ 趋近于 1 则意味着重点关注未来奖励。对于每一步，迭代计算 $Q(s,a)$ 的值，直到最后得到最优结果，具体的算法步骤如表 3.1 所示。

3.4 跨域融合的边缘任务调度方法

在为每个任务选择了合适的服务器后，就需要通过移动设备辅助进行任务卸载。用户在终端协作通信中选择中继节点转发数据时，需要将移动边缘网络分为两个域：物理域和社交域，并考虑来自物理网络和社交关系的两种约束。实际上，先前的研究工作将社交网络与物理网络独立，例如车载网络[26]和无线网状网络[27]。在物理域，如果设备处于彼此通信范围内，则它们可以通过无线链路连接；在社交域中，如果用户间存在较强的社交关系，则将它们视为存在连接。因此，本章提出物理域-社交域跨域融合的边缘任务调度方法。

3.4.1 端边活跃度估计

边缘网络中的终端主要由人携带，往往具有较强的社会属性，包括用户的移动性特征、兴趣与经常活动的范围，因此在终端选择过程中把社会属性作为判断连接可靠性的重要依据可以提升任务卸载的成功率。本章主要从终端活跃度和终端与服务器的亲密度衡量用户的社会属性。活跃度越大，则它更有可能卸载到目标服务器，更适合选作中继；移动用户与目标服务器的亲密度越大，则它更有可能处于目标服务器的覆盖范围内，或者与目标服务器范围内的其他终端有较强的社交关系。本节将具体介绍如何衡量终端社会属性。

1. 终端活跃度

活跃度较高的移动终端频繁在网络中移动，则其有较高的概率与其他终端建立通信并产生数据交互。因此，如何量化终端的活跃度对于感知数据的中继选择有着重要的意义。本节采用给定时间内相遇终端的数量与边缘服务器范围内终端总数量的比值来衡量活跃度，具体如式(3.11)所示。

$$\mathrm{act}_x=\frac{\sum_{y=1}^{n}\delta(x,y)}{n} \tag{3.11}$$

$$\delta(x,y)=\begin{cases}1, & x,y\text{曾经相遇}, x\neq y\\ 0, & \text{其他}\end{cases} \tag{3.12}$$

其中，act_x 表示终端 x 的活跃度；n 表示该区域内的终端数量；$\delta(x,y)$ 表示网络中终端 i 是否与终端 j 相遇。

2. 终端与服务器的亲密度

终端间社会属性的差异还表现在与服务器的交互程度上。本节定义终端与服务器的亲密度来衡量它们之间的交互程度，具体为在一定时间段内终端与服务进行交互的次数和每次交互持续的时间，同时，它们之间交互发生的时间也极大程度上影响着亲密度的评估，时间越早的信息其参考价值也就越小。因此，本节不仅需要考虑终端与服务器之间的亲密度，更需要将交互过程发生的时间纳入考虑以评估它们之间能成功连接的概率。

本节把终端与服务器在时间段 T 内的时间划分为交互持续时间和交互间隔时间，平均交互间隔时间与时间段 T 的比值反映终端与服务器间的交互亲密度，T 时间段内它们的交互平均间隔 T_{avg} 表示为

$$T_{\mathrm{avg}}=\frac{\sum_{p=1}^{\mathrm{cs}}(\mathrm{STA}_{p+1}-\mathrm{EDT}_p)}{\mathrm{cs}} \tag{3.13}$$

其中，cs 表示终端与服务器在 T 时间段内的交互次数；STA_{p+1} 为 $p+1$ 次交互的开始时间；EDT_p 为 p 次交互的结束时间。因此，它们之间的亲密度 $\eta_{x,j}$ 如式(3.14)所示：

$$\eta_{x,j}=\frac{\sum_{i=1}^{\mathrm{cs}}(\mathrm{STA}_{p+1}-\mathrm{EDT}_p)}{T\cdot \mathrm{cs}} \tag{3.14}$$

如果该时间段内终端与服务器没有交互，则它们之间的亲密度用上一时间段的亲密度来表示。为了避免时间对亲密度评估造成影响，本节利用指数衰减方法对时间段 T 内交互发生的时间进行更新：

$$\kappa_{x,j}=\sum_{p=1}^{\mathrm{cs}}\exp\left(-\frac{\mathrm{NT}-\mathrm{STA}_p}{T}\right)\cdot\frac{\mathrm{EDT}_p-\mathrm{STA}_p}{T} \tag{3.15}$$

其中，$\kappa_{x,j}$ 为更新过后的亲密度；NT 为当前时刻。同理，如果该时间段内终端与服务器没有交互则使用上一时刻的 $\kappa_{x,j}$ 来替代，$\kappa_{x,j}$ 的值越大，说明该时间段内有更多的交互过程发生在当前时刻前后，根据该数据计算的亲密度就越能反映实际的情况。

本节根据终端与服务器之间的交互亲密度与交互时间来更新亲密度。当交互时间 $\kappa_{x,j}$ 增加，交互亲密度参数 $\kappa_{x,j}$ 减小时，终端能够与服务器通信的概率单调递增，最后取值在 0 到 1 之间函数曲线趋于水平。当终端与服务器一直处在交互状态时，每一次交互间隔为 0，则它们之间的相遇概率趋近于 1。根据上述变化趋势，终端与服务器通信概率 $\mathrm{MP}_{x,j}$ 评估方式如式(3.16)所示：

$$\mathrm{MP}_{x,j}=\frac{2}{1+\exp(-\kappa_{x,j}/\eta_{x,j})}-1 \tag{3.16}$$

按照上述定义，终端活跃度反映了目标边缘服务器在网络中与其他终端的关系广度，终端与服务器亲密度反映了终端处于目标边缘服务器覆盖范围内的概率。本节综合考虑活跃度和亲密度以量化终端的重要程度，具体如式(3.17)所示，其中，α 为权重因子。

$$w_k=(1-\alpha)\mathrm{act}_x+\alpha\mathrm{MP}_{x,j} \tag{3.17}$$

显然，权重因子的确定对终端重要程度的感知结果至关重要，但是各个边缘服务器范围内的终端属性存在差异，主要表现在服务器覆盖范围内的终端分布密度和终端在目标服务器的停留时间上。对于终端密度较高的区域，其终端的活跃度普遍高于稀疏地区的活跃度；对于在目标服务器区域停留时间越长的终端与该服务器的亲密度越大。可见，权重因子需要能够根据实时情况不断更新以有效地区分不同区域的终端重要程度。具体地，本节采用式(3.18)的方式调整权重因子：

$$\alpha=\frac{n_j}{n}\left(1-\sum_{x=1}^{n_j}\frac{\kappa_{x,j}}{n_j}\bigg/\sum_{y=1}^{n}\frac{\kappa_{y,j}}{n}\right) \tag{3.18}$$

其中，n_j/n 为边缘服务器 j 范围内的平均终端密度；$\sum_{x=1}^{n_j}(\kappa_{x,j}/n_j)/\sum_{y=1}^{n}(\kappa_{y,j}/n)$ 为给定终端与其他终端的平均亲密度的差异程度。由此可见，终端密度较高的情况下，终端重要程度的估计需要更多地考虑与目标服务器的亲密度，即权重因子需要根据终端密度相应地增加；终端在目的服务器范围内停留时间较长的情况下，终端重要程度估计需要更多地考虑终端的活跃度，即权重因子需要根据停留时间相应地减少。

3.4.2 通信状态感知

在选择终端时，不仅要考虑终端的社会属性，还需要考虑物理域的约束以保证终端链路的可靠性。本节主要从功率的角度进行终端的选择。

假设传感器节点 i 通过 z 跳终端通信来访问目标服务器 j，作为终端通信的发送器，传感器节点 i 将构建相应接收器的通信链路。在相应的接收用户处的接收 SINR 应该大于给定的阈值。此阈值用于确保可靠的多跳通信，其表达式如式(3.19)所示：

$$\gamma_{\mathrm{DU}_i,\mathrm{DU}_i^1}=\frac{\left|h_{\mathrm{DU}_i,\mathrm{DU}_\eta^1}\right|^2 P_{\mathrm{DU}_i}}{\left|h_{\mathrm{CU}_c,\mathrm{DU}_\eta^1}\right|^2 P_{\mathrm{CU}_c}+\sigma^2}\geqslant\gamma_{\mathrm{DU}}^{\mathrm{th}} \tag{3.19}$$

其中，$\gamma_{\mathrm{DU}_i,\mathrm{DU}_i^1}$ 为传感器节点 i 与第 1 个中继之间信道的 SINR；$h_{\mathrm{DU}_i,\mathrm{DU}_\eta^1}$、$h_{\mathrm{CU}_c,\mathrm{DU}_\eta^1}$ 分别为设备 i 与第 1 个中继之间的信道增益以及复用的蜂窝用户与第 1 个中继之间的信道增益；P_{DU_i}、P_{CU_c} 分别为传感器节点 i 和复用的蜂窝用户 c 发射功率；$\gamma_{\mathrm{DU}}^{\mathrm{th}}$ 表示需要满足的阈值限制。

根据式(3.2)可知，多跳中继路径的数据传输速率与每一跳的链路 SINR 有关，它取决于路径中较差链路的 SINR。因此，SINR 阈值为满足任务时延的最小阈值，具体如式(3.20)所示。

$$\gamma_{\mathrm{DU}}^{\mathrm{th}}=2^{\frac{R_s^{\mathrm{D2D}}}{B}}-1=2^{\frac{S_i f_j}{B(h_i f_j-D_i)}}-1 \tag{3.20}$$

其中，S_i 为任务的输入数据大小；D_i 为任务所需的计算资源；f_j 为节点的计算能力，h_i 为任务所需最低时延。

结合式(3.19)可以得到传感器节点 i 以及所有中继保持可靠传输所需的最小发射功率约束。

$$P_{\mathrm{DU}_i}^{\min}=\frac{\gamma_{\mathrm{DU}}^{\mathrm{th}}\left(\left|h_{\mathrm{CU}_c,\mathrm{DU}_{r_i}^1}\right|^2 P_{\mathrm{CU}_c}+\sigma^2\right)}{\left|h_{\mathrm{DU}_i,\mathrm{DU}_{r_i}^1}\right|^2} \tag{3.21}$$

其中，$\mathrm{DU}_{r_i^1}$ 为第 1 跳中继。另外，终端通信应该遵循的另一个重要原则是新建立的链路不应该干扰现有的 CU 正在进行的传输。假设蜂窝用户 c 的发射功率 P_{CU_c} 在中继选择和资源分配期间是常数，式(3.22)表示为采用中继传输后蜂窝用户的 SINR。

$$\gamma_{\mathrm{CU}_c,\mathrm{MBS}}=\frac{\left|h_{\mathrm{CU}_c,\mathrm{MBS}}\right|^2 P_{\mathrm{CU}_c}}{\max\left\{\left|h_{\mathrm{DU}_i,\mathrm{MBS}}\right|^2 P_{\mathrm{DU}_i},\sum_{i\neq c,i\in\mathrm{FU}}\left|h_{\mathrm{FU}_i,\mathrm{MBS}}\right|^2 P_{\mathrm{FU}_i}\right\}+\sigma^2} \tag{3.22}$$

同时得出在引入终端通信之前，蜂窝用户的 SINR 为

$$\gamma_{\mathrm{CU}_c,\mathrm{MBS}}^{\mathrm{pre}}=\frac{\left|h_{\mathrm{CU}_c,\mathrm{MBS}}\right|^2 P_{\mathrm{CU}_c}}{\sum_{i\neq c,i\in\mathrm{FU}}\left|h_{\mathrm{FU}_i,\mathrm{MBS}}\right|^2 P_{\mathrm{FU}_i}+\sigma^2} \tag{3.23}$$

与式(3.23)相比，可以推断出对于 CU，除了现有的干扰外，还会有一个新的干扰，标记为 I_{D2D}，从式(3.22)可以得出

$$\sum_{i\neq c,i\in\mathrm{FU}}\left|h_{\mathrm{FU}_i,\mathrm{MBS}}\right|^2 P_{\mathrm{FU}_i}+I_{\mathrm{D2D}}=\max\left\{\max\left\{\left|h_{\mathrm{DU}_i,\mathrm{MBS}}\right|^2 P_{\mathrm{DU}_i},\sum_{i\neq c,i\in\mathrm{FU}}\left|h_{\mathrm{FU}_i,\mathrm{MBS}}\right|^2 P_{\mathrm{FU}_i}\right\}\right\} \tag{3.24}$$

联立式(3.21)～式(3.24)可得以下不等式：

$$\frac{I_{\mathrm{add}}}{\sum_{i\neq c,i\in\mathrm{FU}}\left|h_{\mathrm{FU}_i,\mathrm{MBS}}\right|^2 P_{\mathrm{FU}_i}+\sigma^2}\leqslant\left(\frac{\gamma_{\mathrm{CU}_c,\mathrm{MBS}}^{\mathrm{pre}}-\gamma_{\mathrm{MBS}}^{\mathrm{th}}}{\gamma_{\mathrm{MBS}}^{\mathrm{th}}}\right) \tag{3.25}$$

将式(3.22)～式(3.24)代入式(3.25)可得

$$\left.\begin{aligned}&I_{\mathrm{add}}=\left|h_{\mathrm{DU}_i,\mathrm{MBS}}\right|^2 P_{\mathrm{DU}_i}\\&I_{\mathrm{add}}\leqslant\left|h_{\mathrm{CU}_c,\mathrm{MBS}}\right|^2 P_{\mathrm{CU}_c}\left(\frac{1}{\gamma_{\mathrm{MBS}}^{\mathrm{th}}}-\frac{1}{\gamma_{\mathrm{CU}_c,\mathrm{MBS}}^{\mathrm{pre}}}\right)\end{aligned}\right\} \tag{3.26}$$

式(3.26)采用终端逐跳传输方式获得 CU 所能容忍的最大干扰，将式(3.26)代入式(3.25)可以获得 DU 的最大允许发射功率为

$$P_{\mathrm{DU}_i}^{\max}=\frac{\left|h_{\mathrm{CU}_c,\mathrm{MBS}}\right|^2 P_{\mathrm{CU}_c}}{\left|h_{\mathrm{DU}_i,\mathrm{MBS}}\right|}\left(\frac{1}{\gamma_{\mathrm{MBS}}^{\mathrm{th}}}-\frac{1}{\gamma_{\mathrm{CU}_c,\mathrm{MBS}}^{\mathrm{pre}}}\right) \tag{3.27}$$

综上所述，可以获得多跳终端传输的中继发射功率范围为

$$P_{\mathrm{DU}_i}^{\min} \leqslant P_{\mathrm{DU}_i} \leqslant P_{\mathrm{DU}_i}^{\max} \tag{3.28}$$

对于每一个产生任务的传感器节点，在其终端通信范围内的终端用户中选择满足式(3.28)的终端作为候选中继终端，然后在候选中继终端中选择 w 最大的节点作为传输中继终端并判断该节点是否在目标服务器的通信范围之内，如果在，则直接将任务上传到目的服务器上面执行；如果不在，则更新式(3.28)的功率范围，继续执行上述操作，直到找到一个在目标服务器覆盖范围内的终端。

3.5 负载均衡的边缘任务调度性能验证

3.5.1 边缘任务调度仿真环境

本节的仿真分析主要分为两部分。首先通过 MATLAB 仿真平台对本章所提负载均衡的边缘服务器选取方法进行验证。仿真环境采用单小区模型，小区中存在多个边缘服务器覆盖的区域，服务器的负载模型被建模为高斯分布模型。同时，该小区的任务参数分别服从均匀分布。边缘服务器数量设置为 5 个，保证所有的任务都能分配到相应的服务器。Q 学习的学习因子为 0.5。对比算法主要包括文献[28]提出的蚁群优化(ant-colony optimization，ACO)算法，文献[19]提出的 HETS 算法以及将所有任务卸载到相应本地边缘服务器(Full-Local)的策略。

其次，通过 NS2 仿真平台对所提跨域融合的边缘任务调度方法进行验证。这里仿真同时考虑用户的物理约束和社交约束。社交域方面，其对应的数据主要包含以下参数：用户之间的相遇时间，用户与不同服务器的交互时间，包括起始和终止时刻、持续时间以及交互次数。物理域方面将信道模型建立为经典的高斯信道，噪声功率为−170 dBm/Hz。具体的仿真参数如表 3.2 所示。这里考虑的对比算法包括文献[21]提出的基于社会特征的数据传输机制(social-based data forwarding mechanism，SDFM)以及文献[29]提出的带有节点间社会等级估计的 Bubble Rap 数据转发算法。

表 3.2 仿真参数设置

参数	参数值
任务到达率/(个/s)	[0，4]
任务所需内存/GB	[1，10]
任务所需 CPU 频率/kHz	5
任务输入数据大小/kB	3000
任务时延/ms	[200，1500]
边缘服务器 CPU 频率/GHz	3
无线信道带宽/MHz	5
边缘服务器数量/个	5
学习因子	0.5
终端发射功率/W	[0.1，2]
信道衰落因子	10^{-4}
噪声功率(dBm/Hz)	−170

3.5.2　边缘任务调度仿真结果

1. 不同资源下的负载均衡度

图 3.2 表示的是在不同任务分布场景下 4 种算法的负载均衡度。由图可知，在任务数量大小以及服务器数量可用资源一定的情况下，本章提出的 RQ-AIP 算法具有最低负载均衡度。这是因为该策略采用 *Q* 学习方法通过迭代学习不断寻找最优解，而 ACO 算法会受到参数固定、求解速度慢的影响，Full-Local 算法只把任务卸载到本地服务器，在任务所需资源较少时具有良好的性能，HETS 算法以时延为优化目标往往达不到较好的负载均衡度。

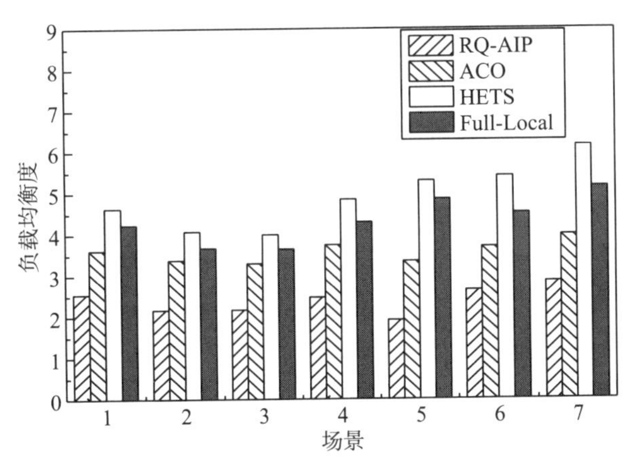

图 3.2　不同任务分布场景下 4 种算法的负载均衡度

不同任务所需内存和负载均衡度的关系如图 3.3 所示。从图中可以看出，RQ-AIP 算法与 ACO 算法随着任务所需内存的增大，负载均衡度逐渐变小。对于 ACO 算法，它的负载均衡度的值比 RQ-AIP 算法的负载均衡度大，这是由于终端缺乏全局信息，短时间内很难达到理想的情况，并且参数设置不当容易导致求解速率降低且质量较差。与 RQ-AIP 算法和 ACO 算法相比，HETS 和 Full-Local 算法具有较大的负载均衡度。由于 HETS 算法的任务调度的目标是延迟最小化而未考虑网络的负载均衡状态，所以它的负载均衡度最大且没有明显的变化规律，而 Full-Local 算法是将任务卸载到本地服务器上，所以当任务所需内存较小时，任务调度策略对网络负载均衡度的影响较小，负载均衡度保持在 HETS 算法和 ACO 算法之间，当任务所需内存变大时，将任务卸载到本地服务器而不考虑负载均衡度就会导致整个网络的负载均衡度越来越差。

值得注意的是，RQ-AIP 算法和 ACO 算法在任务所需内存增长到大约 7 GB 时，网络负载均衡度不再持续变小而是呈现出增长趋势并趋于平稳。这是因为，当任务所需内存增大到一定程度时，由于服务器的可用资源有限，很难通过任务在服务器之间的调度而实现更小的负载均衡度。而当任务较小的时候，算法的性能优越性就体现出来了。

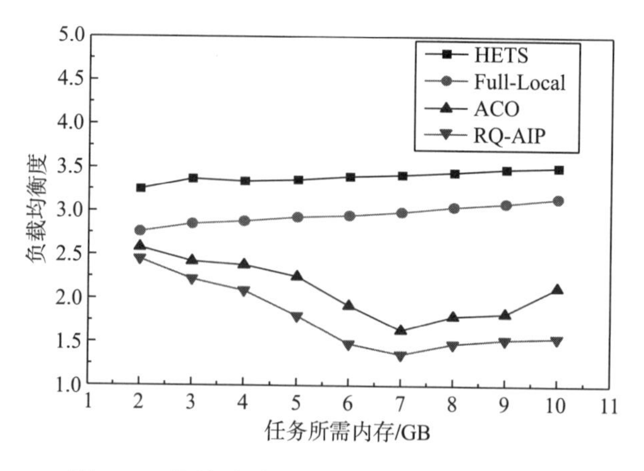

图 3.3 不同任务所需内存和负载均衡度的关系

服务器可用计算资源不同情况下的负载均衡度变化如图 3.4 所示。由图可知，当可用资源有限时，Full-Local 算法、ACO 算法和 RQ-AIP 算法的负载均衡度均具有相似的下降趋势。但是，随着可用资源的增多，Full-Local 算法的负载均衡度值下降最缓慢，其次分别是 ACO 算法和 RQ-AIP 算法。这是由于 Full-Local 算法将任务卸载到本地服务器，负载均衡度是根据各服务器可用资源的增大而变化，并没有考虑任务调度的影响，所以负载均衡度呈现较为缓慢的下降趋势。对于 ACO 算法，随着可用资源的增多，服务器一般不会出现过载的情况，ACO 算法发挥的作用也就逐渐变小，从而使得负载均衡度的值变大；而 RQ-AIP 算法是采用迭代寻找最优解的方法，尽管服务器不会处于过载的边界状态，算法仍然会为任务选择使系统负载均衡度最小的调度策略。HETS 算法的分析类似，由于它是以时延最小为目标的，所以它的负载均衡度往往是这三种算法中最差的。

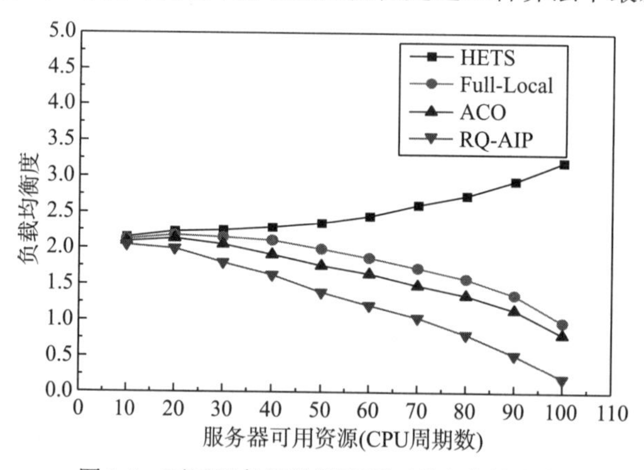

图 3.4 不同服务器计算资源下的负载均衡度

不同任务数量下的负载均衡度变化情况如图 3.5 所示。从图中可以看出，随着任务数量的增加，ACO 算法、HETS 算法和 Full-Local 算法的负载均衡度都呈现出较为明显的上升趋势。这是由于随着任务数量的增加，调度的规模越来越大，各服务器的压力也越来越大，这三种算法很难在有限的时延要求内完成任务的调度，能够实现的系统负载均衡度是有限的，因此呈现出上升的趋势。

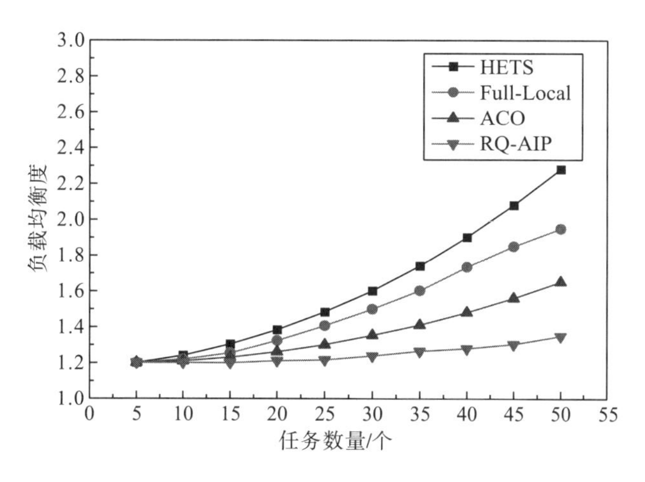

图 3.5　不同任务数量下的负载均衡度

2. 不同终端数目下的任务投递率

图 3.6 显示了终端数量与任务投递率之间的关系。由结果可知，随着中继终端数量的增加，本节提出的算法表现出最高的任务投递率，并且呈现出上升的趋势，相比 SDFM 性能提升了 10%左右。这是因为 SDFM 只是从用户中心性的角度考虑，未考虑用户与目标服务器的亲密度，而本章充分考虑了中继终端的活跃度、目标服务器的亲密度，并且根据实际的网络情况动态地调整用户的重要程度，从而有效地提高了任务投递率。对于 Bubble Rap 算法，在用户密度较高的情况下，计算中心性与用户的真实流行度有更大的偏差。超时和缓冲区溢出，丢弃的数据包数量增加，导致任务投递率的下降。

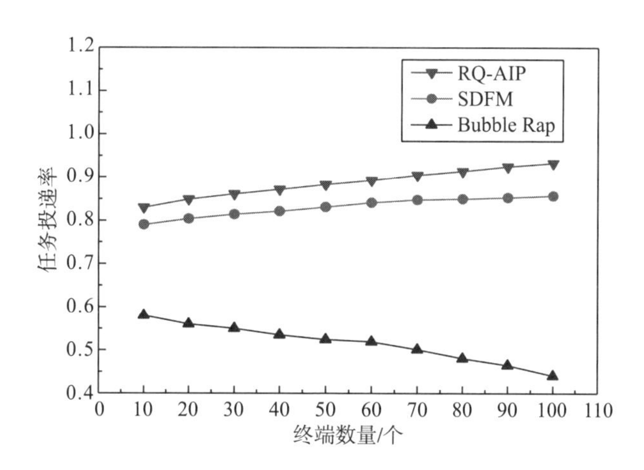

图 3.6　不同终端数量下的任务投递率

图 3.7 描述了终端数量与任务平均完成时延的关系。可见，随着终端数量的增加，各种算法的任务平均完成时延都呈下降趋势，其原因在于随着终端数量的增加，终端相遇的机会也会增加。在每一次转发的过程中遇到可选中继的概率也会增大，快速转发到

目的服务器的概率也会提高，其中本章提出的算法的传输延迟比 SDFM 和 Bubble Rap 算法平均降低了 18%和 25%。这是因为本章提出的算法综合考虑了用户的社会属性和物理属性。在社会属性方面考虑了用户的活跃度与目标服务器亲密度在不同情况下对任务完成时延的影响。物理属性方面考虑了用户发射功率限制下中继选择对任务完成时延的影响。

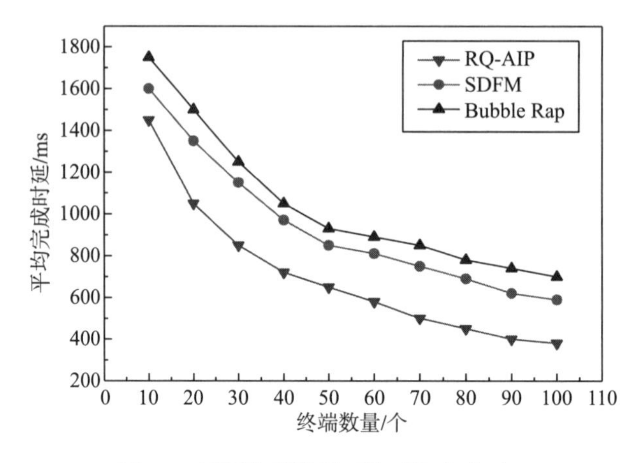

图 3.7 不同终端数量下的平均完成时延

图 3.8 显示了 3 种算法的任务投递率与用户平均发送功率之间的关系。本章中，用户的平均发送功率作为任务在时延约束范围内成功多跳投递到目标服务器的限制条件，考虑了终端通信对蜂窝用户通信的影响。其中，随着跳数的增加，用户的平均发射功率将相应增加以缓解跳数增加所带来的时延加剧问题。因此，发射功率越大，任务成功交付的概率也就越大。而 SDFM 和 Bubble Rap 算法只考虑了用户的社会属性，因此，它们具有相似且较低的任务投递率。

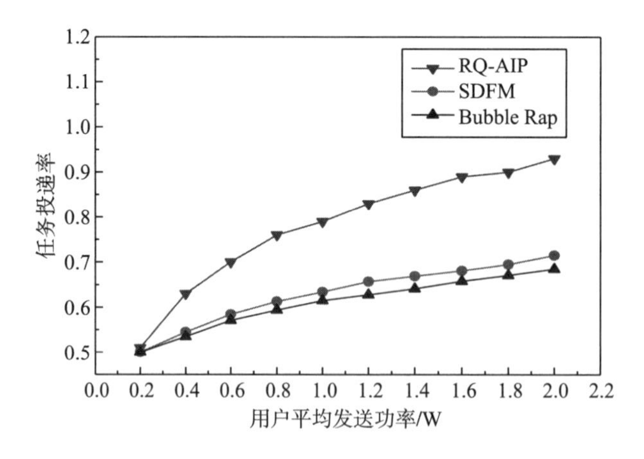

图 3.8 用户不同发送功率下的任务投递率

3.6 本章小结

本章提出了负载均衡的边缘任务调度策略。首先，根据边缘服务器的资源分布确定网络的负载均衡度；然后，根据强化 Q 学习算法确定传感器节点任务的最佳执行服务器；最后，传感器节点根据用户的发送功率作为衡量终端通信干扰的指标，选择合适的中继用户，进而完成任务转发。结果表明，本章提出的策略能够在不干扰蜂窝用户通信的情况下完成任务调度，并且能够有效改善网络资源分配不均匀的情况。

参考文献

[1] Tuli S，Ilager S，Ramamohanarao K，et al. Dynamic scheduling for stochastic edge-cloud computing environments using A3C learning and residual recurrent neural networks[J]. IEEE Transactions on Mobile Computing，2022，21(3)：940-954.

[2] Wang X J，Ning Z L，Guo S，et al. Imitation learning enabled task scheduling for online vehicular edge computing[J]. IEEE Transactions on Mobile Computing，2022，21(2)：598-611.

[3] Liu Z Z，Sheng Q Z，Xu X F，et al. Context-aware and adaptive QoS prediction for mobile edge computing services[J]. IEEE Transactions on Services Computing，2022，15(1)：400-413.

[4] Wang D，Tian J，Zhang H X，et al. Task offloading and trajectory scheduling for UAV-enabled MEC networks：An optimal transport theory perspective[J]. IEEE Wireless Communications Letters，2022，11(1)：150-154.

[5] 王继锋，王国峰. 边缘计算模式下密文搜索与共享技术研究[J]. 通信学报，2022，43(4)：227-238.

[6] 郑守建，彭晓晖，王一帆，等. 一种基于综合匹配度的边缘计算系统任务调度方法[J]. 计算机学报，2022，41(3)：485-499.

[7] 李光辉，李宜璟，胡世红. 移动边缘计算中基于联邦学习的视频请求预测和协作缓存策略[J]. 电子与信息学报，2023，45(1)：218-226.

[8] 张依琳，梁玉珠，尹沐君，等. 移动边缘计算中计算卸载方案研究综述[J]. 计算机学报，2021，44(12)：2406-2430.

[9] Zhang C，Du H. DMORA：Decentralized multi-SP online resource allocation scheme for mobile edge computing[J]. IEEE Transactions on Cloud Computing，2020，10(4)：2497-2507.

[10] Yin S，Zhang W，Chai Y T，et al. Dependency-aware task cooperative offloading on edge servers interconnected by metro optical networks[J]. Journal of Optical Communications and Networking，2022，14(5)：376-388.

[11] Sahni Y，Cao J N，Yang L. Data-aware task allocation for achieving low latency in collaborative edge computing[J]. IEEE Internet of Things Journal，2018，6(2)：3512-3524.

[12] Ning Z L，Dong P R，Wang X J，et al. Partial computation offloading and adaptive task scheduling for 5G-enabled vehicular networks[J]. IEEE Transactions on Mobile Computing，2022，21(4)：1319-1333.

[13] Zhang M，Peng Y，Zhu J C，et al. Efficient flow-based scheduling for geo-distributed simulation tasks in collaborative edge and cloud environments[J]. IEEE Transactions on Parallel and Distributed Systems，2022，33(12)：3441-3459.

[14] Liu D Q，Hafid A，Khoukhi L. Workload balancing in mobile edge computing for internet of things：A population game approach[J]. IEEE Transactions on Network Science and Engineering，2022，9(3)：1726-1739.

[15] Chen L X，Zhou S，Xu J. Computation peer offloading for energy-constrained mobile edge computing in small-cell networks[J].

IEEE/ACM Transactions on Networking，2018，26(4)：1619-1632.

[16] Zhang W Q，Zhang G L，Mao S W. Joint parallel offloading and load balancing for cooperative-MEC systems with delay constraints[J]. IEEE Transactions on Vehicular Technology，2022，71(4)：4249-4263.

[17] Masood A，Munir E U，Rafique M M，et al. HETS：Heterogeneous edge and task scheduling algorithm for heterogeneous computing systems[C]//2015 IEEE 12th International Conference on Embedded Software and Systems. New York：IEEE，2015：1865-1870.

[18] Tian R，Jiao Z Z，Bian G Y，et al. A social-based data forwarding mechanism for V2V communication in vanets[C]//2015 10th International Conference on Communications and Networking in China (ChinaCom). Shanghai：IEEE，2015：595-599.

[19] Zhou Z，Shojafar M，Abawajy J，et al. ECMS：An edge intelligent energy efficient model in mobile edge computing[J]. IEEE Transactions on Green Communications and Networking，2022，6(1)：238-247.

[20] Irtija N，Anagnostopoulos I，Zervakis G，et al. Energy efficient edge computing enabled by satisfaction games and approximate computing[J]. IEEE Transactions on Green Communications and Networking，2022，6(1)：281-294.

[21] Perin G，Berno M，Erseghe T，et al. Towards sustainable edge computing through renewable energy resources and online，distributed and predictive scheduling[J]. IEEE Transactions on Network and Service Management，2022，19(1)：306-321.

[22] Yang Q，Wang H G. Toward trustworthy vehicular social networks[J]. IEEE Communications Magazine，2015，53(8)：42-47.

[23] Antoniadis P，Grand B L，Satsiou A，et al. Community building over neighborhood wireless mesh networks[J]. IEEE Technology and Society Magazine，2008，27(1)：48-56.

[24] Liu X，Qiu T，Wang T. Load-balanced data dissemination for wireless sensor networks：A nature-inspired approach[J]. IEEE Internet of Things Journal，2019，6(6)：9256-9265.

[25] Hui P，Crowcroft J，Yoneki E. Bubble rap：Social-based forwarding in delay-tolerant networks[J]. IEEE Transactions on Mobile Computing，2011，10(11)：1536-1550.

[26] Li J L，Shang Y，Qin M，et al. Multiobjective oriented task scheduling in heterogeneous mobile edge computing networks[J]. IEEE Transactions on Vehicular Technology，2022，71(8)：8955-8966.

[27] Masood A，Gündüz D. Computation scheduling for distributed machine learning with straggling workers[J]. IEEE Transactions on Signal Processing，2019，67(24)：6270-6284.

[28] Zhou P，Wu G X，Alzahrani B，et al. Reinforcement learning for task placement in collaborative cloud-edge computing[C]//2021 IEEE Global Communications Conference (GLOBECOM). Madrid：IEEE，2021：1-6.

[29] Wang J H，Zhu K，Chen B，et al. Distributed clustering-based cooperative vehicular edge computing for real-time offloading requests[J]. IEEE Transactions on Vehicular Technology，2022，71(1)：653-669.

第4章　收益优化的移动边缘卸载技术

移动边缘卸载过程中，受边缘服务器计算能力和频谱资源的限制，用户和边缘节点存在利益分配不合理的问题。针对此问题，基于拍卖定价理论，本章提出一种收益优化的移动边缘卸载策略，在保证用户任务容忍时延基础上，实现边缘节点资源配置的最优化。首先，采用基于市场的定价模型，结合异构部署边缘服务器的特点，确定二进制卸载模型下的整体拍卖流程；其次，在保证用户个人理性的基础上，确定其在首轮拍卖的容忍支付及每轮拍卖的投标意愿；最后，提出基于拍卖的利益最大化算法，单轮拍卖的赢家用户可将其计算任务卸载到边缘服务器。仿真结果表明，所提基于拍卖的利益最大化卸载算法实现了小基站(small base station，SBS)计算和频谱资源限制下最大的卸载量，并为SBS带来了更多的收益。

4.1　移动边缘卸载研究现状及主要挑战

4.1.1　边缘卸载研究现状

为了缓解核心网拥塞，设计收益优化的移动边缘卸载策略，研究人员基于不同理论对移动边缘卸载展开了深入研究，本节将基于博弈论、优化理论和强化学习(reinforcement learning，RL)对边缘卸载方法研究现状进行介绍。

1. 基于博弈论的边缘卸载研究

在现有的基于博弈论的移动边缘卸载研究中，文献[1]以最大化用户效用值为目标，针对已知静态信道状态信息的情况下，将用户的效用和最大化问题建模为用户间的非合作博弈，从而获得了当前最优的卸载方案。文献[2]通过建模分布式用户开销最小化问题，将每个用户开销抽象为潜在博弈，设置了潜在函数来表示博弈过程中用户效用函数的变化情况，提出了一个基于潜在博弈的卸载算法，获取次优解。

2. 基于优化理论的边缘卸载研究

在基于优化理论的移动边缘卸载研究中，文献[3]考虑SBS间的协作关系，利用李雅普诺夫优化来实现长期系统成本最小化，提出了一种基于累积社会信任的协作计算卸载机制，其中，计算任务在满足计算、传输和信任要求的情况下经多跳到达指定边缘服务器执行。文献[4]以最大化网络边缘端和用户端的总福利为目标，将其分三步完成，首先针对延迟敏感型应用，设计可使用户时延最小化的传输调度策略，在此基础上采用凸优化方法求解得到福利最大化的卸载策略。

3. 基于强化学习的边缘卸载研究

结合强化学习进行移动边缘卸载的研究也有很多，文献[5]考虑了可以进行无线能量收集的 UE 的计算卸载决策，在应用深度 Q 网络(deep Q network，DQN)时，它将 Q 值进行分解，每个用户用其多个虚拟智能体分别评估不同指标的效用值，从中选取具有最大 Q 值的双动作，在制定最优卸载决策的同时对用户能量收集队列中的能量进行分配。文献[6]考虑到深度 Q 网络在物联网场景中由于空间复杂度高造成的性能受限问题，将后决策状态学习技术整合到传统的 DQN 中，它不再使用智能体观察到的状态来进行 DQN 参数的更新，而是利用额外的先验信息建立一个大型样本集训练 DQN 参数，从而加快了马尔可夫决策过程的学习速度。

4.1.2 边缘卸载主要挑战

随着大数据、物联网、人工智能等技术的快速发展，在云计算和边缘计算场景下引入经济学理论进行计算任务卸载，可以有效解决资源受限场景下带宽、计算等资源的优化配置问题。然而，考虑到边缘服务器资源的有限性与利益分配难以均衡的问题，现有的移动边缘卸载策略还面临以下两方面的挑战。

1. 资源定价

考虑到用户的多样化需求，在进行多用户多服务器场景下的资源分配时，边缘服务器受计算能力和频谱资源的限制，需要对提供的资源进行收费，以保证服务提供商的利益，激励其更好地为用户提供服务。而对计算、频谱等资源进行定价，并将该价格作为评估移动设备和边缘服务器效用的主要依据之一，将有助于资源的优化配置。目前，采用博弈论和优化理论形成卸载策略的研究通常站在用户或全局角度，而未能考虑边缘服务器的利益最大化问题。因此，探索高效率的移动边缘卸载策略至关重要。

2. 利益分配

移动边缘计算应用场景有多方面计算业务需求，在帮助用户处理计算任务并收取费用时，不仅需要考虑获取的用户信息的有限性，还需考虑在计算卸载过程中存在的用户和边缘服务器利益分配不合理问题。保证 SBS 在频带和计算资源双重约束下完成任务卸载，同时获得最大的利益。因此，如何在保证用户个人理性的基础上，设计满足用户容忍支出和投标意愿的动态卸载方法是严峻的挑战。

4.2 移动边缘卸载系统模型

MEC 网络能够为资源受限的 UE 提供分布式计算资源和低时延服务，合理的边缘卸载策略可以在提高 MEC 网络中用户卸载量的同时，最大化边缘服务器的整体收益。由于边缘服务器的计算资源有限，为避免边缘节点过载，降低用户服务质量，采用边-边协同任务处理框架，为用户提供计算卸载服务。本节介绍移动边缘协作处理卸载任务的系统模型，分为网络卸载模型、任务处理模型、无线通信模型和计算卸载模型。

4.2.1　网络卸载模型

考虑位于移动网络边缘的网络场景，如图 4.1 所示。在单个宏基站(macro base station, MBS)覆盖范围下，移动边缘系统由 M 个 UE $m(m\in M=\{1,2,\cdots,M\})$ 和多个具有响应用户数据请求能力的 SBS $n(n\in N=\{1,2,\cdots,N\})$ 构成。UE 通过无线链路与 SBS 相连接，每个 SBS 配备一个具有计算能力的边缘服务器。移动设备在 SBS 覆盖范围下随机分布，但由于 SBS 地理位置上的差异，在不同时期内，其计算任务密度具有较大差别。计算任务密度高的 SBS n $(n\in N)$ 可经无线链路传输其部分任务到计算任务密度低的 SBS h $(h\in N,h\neq n)$。宏基站与其覆盖范围下的多个 SBS 采用有线连接[7]，SBS 间为无线连接[8]。

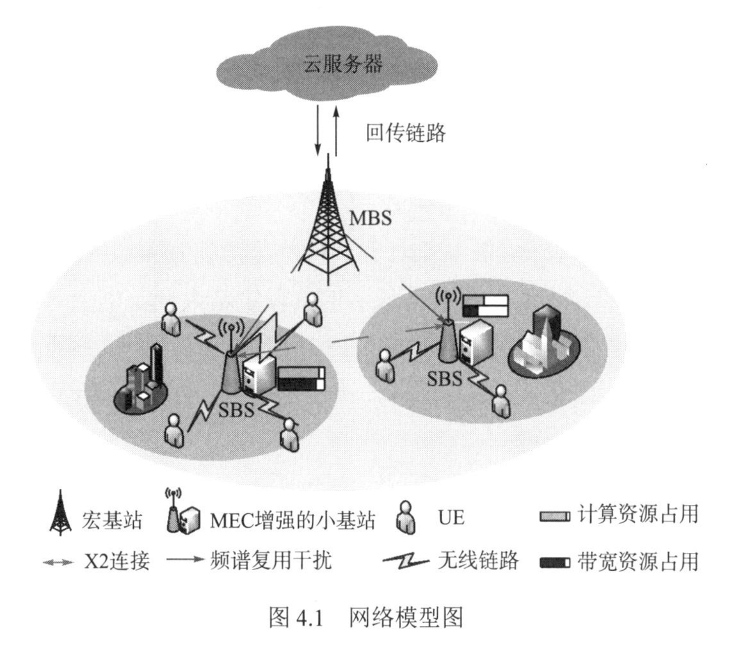

图 4.1　网络模型图

为合理利用频谱资源，假设多个 SBS 在同一频段工作，每个 SBS 具有有限的 k 个正交的信道，$k\in\{1,2,\cdots,K\}$，不同 SBS 间存在同频干扰[9]，只有在空闲信道时，SBS 才会接收用户任务。采用通用时隙模型，将系统运行时间离散化为时隙 $t\in\{0,1,2,\cdots,T\}$，时隙长度为 τ[10]。每个 SBS n 覆盖下的 UE m 会在时隙 t 产生一个待处理的计算任务 $\Omega_{m,n}^t=\{d_{m,n}^t,c_{m,n}^t,\Gamma_{m,n}^t\}$，且该任务是不可分割的，其中，$d_{m,n}^t$ 为计算任务的数据大小，$c_{m,n}^t$ 为完成该计算任务所需的总 CPU 周期数，$\Gamma_{m,n}^t$ 为该任务的最大可容忍延迟，其大小不超过一个时隙的长度，即 $\Gamma_{m,n}^t\leqslant\tau$[11]。对于每个用户，它的任务既可以在本地(即 UE)执行，也可以卸载到 MEC 服务器上，由 MEC 服务器进行处理后返回结果。

4.2.2　任务处理模型

考虑如图 4.2 所示的任务处理情况，用户任务经无线链路可直接传输的 SBS 被称为原

SBS，可协助原 SBS 进行任务处理的 SBS 被称为辅助 SBS，对于每个 UE，其任务卸载到网络边缘需要的总时间与原 SBS 对任务的处理策略 b_m^t 有关。

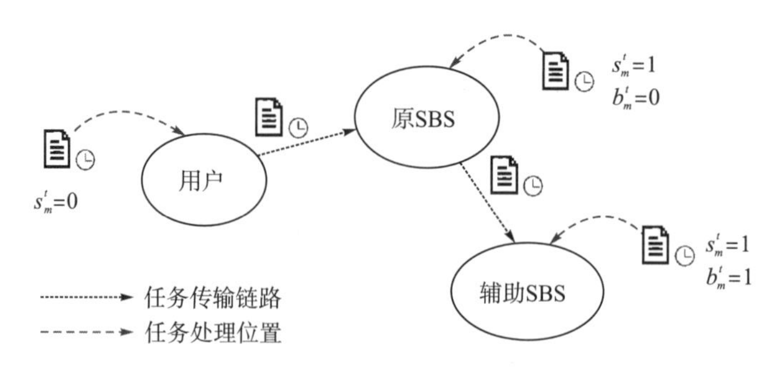

图 4.2 任务处理情况

用集合 $S^t=\{s_1^t,\cdots,s_M^t \mid \forall t\in T\}$ 表示 UE m 在时隙 t 的卸载策略集合，其中，s_m^t，$\forall m\in M$，$\forall t\in T$ 为 UE 在时隙 t 中的卸载策略，分以下两种情况。

(1) 本地处理：$s_m^t=0$，表示任务在本地进行处理，这需要满足任务的时延要求，且本地处理能耗不能大于 UE 的当前电量水平。

(2) 边缘处理：$s_m^t=1$，表示 UE 将其计算任务整体地卸载到边缘服务器进行处理，用集合 $B^t=\{b_1^t,\cdots,b_M^t \mid \forall t\in T\}$ 表示 SBS 对该任务的处理策略集合。由于 SBS 间存在协作，任务可能的处理策略有两种：b_m^t=0，表示原 SBS 决定自行处理卸载到其上的任务；b_m^t=1，表示原 SBS 无法在时延要求下完成该任务，决定将任务分流到资源占用较少，可在规定时间内完成任务处理的辅助 SBS。

4.2.3 无线通信模型

UE m 传输任务到其连接的基站时，SBS n 所能获得的最大数据传输速率为

$$R_{m,n}^t=w\log_2\left(1+\frac{p_m g_{m,n}^t}{n_0+p_{\text{Interf}}}\right) \tag{4.1}$$

其中，w 为信道带宽；n_0 为噪声功率；p_m 为 UE 的发送功率；$g_{m,n}^t$ 为 UEm 到 SBSn 传输链路的信道功率增益；p_{Interf} 为来自其他小区用户的同频干扰。将无线信道建模为自由空间传输路径损耗的瑞利衰落信道[12]，该传输链路的信道功率增益可计算为

$$g_{m,n}^t=\frac{|h_{m,n}|^2}{L_0\cdot l_{m,n}^{\alpha}} \tag{4.2}$$

其中，$h_{m,n}$ 为服从 (0,1) 高斯分布的随机变量；L_0 和 α 分别为路径损耗常数和路径损耗指数；$l_{m,n}$ 为 UE m 与 SBS n 之间的距离。

定义 p_n 代表 SBS n 的发送功率，原 SBS n 传输任务到辅助 SBS $h\,(h\in N,h\neq n)$ 的最大数据传输速率为

$$R_{n,h}^t=w\log_2\left(1+\frac{p_n g_{n,h}^t}{n_0}\right) \tag{4.3}$$

4.2.4　计算卸载模型

1. 本地计算

定义 UE 的计算能力为 f_m（单位为 CPU 周期/秒），任务的本地处理时延为

$$D_{m,n,t}^{\text{loc}} = \frac{c_{m,n}^t}{f_m} \tag{4.4}$$

其中，$c_{m,n}^t$ 为计算任务数据大小。则本地处理该任务的能量消耗[13]为

$$\Xi_{m,t}^{\text{loc}} = \kappa_m \cdot c_{m,n}^t f_m^{\ 2} \tag{4.5}$$

其中，κ_m 取决于 UE 芯片架构的有效开关电容。

2. 边缘计算

由于任务处理完之后返回的结果处于较小量级，类比文献[14]，可忽略任务处理完成后的结果返回时间。假设每个 SBS n 有 V_n 个虚拟机，每个虚拟机具有相同大小的计算能力 F_n，且有 $F_n > f_m, \forall m \in M, \forall n \in N$，由此，原 SBS n 对任务的处理决策 b_m^t=0 时，完成任务所需总时间为

$$D_{m,n,t}^{\text{ori}} = \frac{d_{m,n}^t}{R_{m,n}^t} + D_{m,n,t}^q + \frac{c_{m,n}^t}{F_n} \tag{4.6}$$

公式右边第一项为用户任务卸载到原 SBS n 所需的上行链路传输时间；第二项为任务在原 SBS n 的排队等待时间；第三项为任务在原 SBS n 的处理时间。

相应地，原 SBS n 对任务的处理决策 b_m^t=1 时，完成任务所需总时间为

$$D_{m,n,t}^{\text{hel}} = \frac{d_{m,n}^t}{R_{m,n}^t} + \frac{d_{m,n}^t}{R_{n,h}^t} + D_{m,h,t}^q + \frac{c_{m,n}^t}{F_h} \tag{4.7}$$

公式右边第一项为用户任务卸载到原 SBS n 所需的上行链路传输时间；第二项为任务被原 SBS n 转发到辅助 SBS h 所需的传输时间；第三项为任务在辅助 SBS h 的排队等待时间；第四项为任务在辅助 SBS h 的处理时间。

当在时隙 t 卸载到 SBS n 的任务数少于 V_n 时，SBS n 有足够的资源来处理这些任务，新到达的任务无须排队等待，可以立刻得到处理；而当卸载到 SBS n 的任务数量超过 V_n 时，新到达的任务需要排队等待。可对 $D_{m,n,t}^q$ 和 $D_{m,h,t}^q$ 使用同一排队模型进行计算，用 j 来表示其中一个 SBS，即 $\forall j \in \{n,h\}$，每个 SBS j 的任务卸载与处理过程可建模为 $M/M/V_j$ 排队模型，根据文献[15]，任务在 SBS $j, \forall j \in \{n,h\}$ 的排队时间为

$$D_{m,j,t}^q = \begin{cases} 0, & i_j \leqslant V_j \\ \dfrac{P_j \cdot \rho_j^{V_j} \cdot \rho_j / V_j}{V_j!\,(1-\rho_j / V_j)^2} & i_j > V_j \end{cases} \tag{4.8}$$

其中，i_j 为卸载到 SBS j 的任务个数；$\rho_j=\lambda_j / \beta_j$ 为 SBS j 的一个虚拟机的服务强度。任务到达过程和虚拟机服务过程分别服从参数为 λ_j 和 β_j 的泊松分布，P_j 为 SBS j 的虚拟机空

闲概率，有

$$P_j = \frac{1}{\sum_{l=0}^{V_j-1} \frac{\rho_j / V_j}{V_j!(1-\rho_j / V_j)} + \frac{1}{l!} \cdot \rho_j^{\ l}} \tag{4.9}$$

由此可得，任务卸载到网络边缘进行处理的总时延为

$$D_{m,n,t}^{\text{rem}} = (1-b_m^t) \cdot D_{m,n,t}^{\text{ori}} + b_m^t \cdot D_{m,n,t}^{\text{hel}} \tag{4.10}$$

UE 的传输能耗为

$$\Xi_{m,n,t}^{\text{trans}} = p_m \frac{d_{m,n}^t}{R_{m,n}^t} \tag{4.11}$$

4.3 收益优化的移动边缘卸载问题建模

本节分析 UE 的利益和 SBS 的整体收益，并建立 SBS 长期收益最大化的目标函数。

4.3.1 移动用户收益建模

本节基于拍卖定价形成计算卸载策略，其中，拥有频带资源和计算资源的 SBS 作为卖方，用户作为买方。赢得拍卖的用户的竞标价格为$(\mu_{m,n}^t, \vartheta_{m,j}^t)$，其中，$\mu_{m,n}^t$表示用户占用 SBS n 的信道传输每比特任务时用户投标的价格，$\vartheta_{m,j}^t$表示用户占用 SBS j 的计算资源处理任务时，处理每个 CPU 周期任务的投标价格，根据文献[16]，用户利益可定义为

$$U_{m,n}^t = \gamma_\Xi \cdot (\Xi_{m,t}^{\text{loc}} - \Xi_{m,n,t}^{\text{trans}}) + \gamma_C \cdot (D_{m,t}^{\text{loc}} - D_{m,n,t}^{\text{rem}} - z\tau') - (\mu_{m,n}^t \cdot d_{m,n}^t + \vartheta_{m,j}^t \cdot c_{m,n}^t) \tag{4.12}$$

其中，γ_Ξ和γ_C分别为单位能耗的经济成本和单位时间的经济成本，这对用户和 SBS 来说是相同的；公式右边的第一项为任务边缘处理时节省的能耗对应的费用；第二项为拍卖达成后，任务边缘处理时节省的延迟对应的费用，其中的 z 表示用户参与投标的次数；τ'为每轮拍卖时长；第三项为用户向 SBS 支付的费用，包括占用频带资源和计算资源的费用。

4.3.2 小基站整体收益建模

SBS 作为资源的拥有者，在为用户提供资源的同时也会付出一定的成本，这主要表现为带宽、时间和能耗成本，来自用户的任务在原 SBS n 进行处理时，SBS 的整体收益为

$$O_{m,n,t}^{\text{ori}} = \mu_{m,n}^t \cdot d_{m,n}^t + \vartheta_{m,j}^t \cdot c_{m,n}^t - \gamma_W \cdot w - \gamma_C \cdot \frac{c_{m,n}^t}{F_n} - \gamma_\Xi \cdot \kappa_n d_{m,n}^t \tag{4.13}$$

其中，γ_W为 SBS 的单位带宽成本；κ_n为 SBS n 上的边缘服务器的能量消耗系数[10]。公式右边前两项为用户向原 SBS n 支付的费用；后三项分别为原 SBS n 处理用户任务产生的带宽成本、时间成本和能耗成本。

来自用户的任务在辅助 SBS h 进行处理时，SBS 获得的整体利益可表示为

$$O_{m,n,t}^{\text{hel}} = \mu_{m,n}^{t} \cdot d_{m,n}^{t} + \vartheta_{m,j}^{t} \cdot c_{m,n}^{t} - \gamma_{W} \cdot 2w - \gamma_{C} \cdot \frac{c_{m,n}^{t}}{F_{h}} - \gamma_{\Xi} \cdot (\kappa_{h} d_{m,n}^{t} + p_{n} \frac{d_{m,n}^{t}}{R_{n,h}}) \tag{4.14}$$

公式右边第三项表明任务由辅助 SBS h 进行处理时，需由原 SBS n 作为中继转发，这需要再付出一倍的带宽成本；第五项包含原 SBS n 发送任务的能耗成本和辅助 SBS h 处理任务的能耗成本。

可知，当 SBS 协同处理来自用户的计算任务时，SBS 获得的整体利益为

$$O_{m,n}^{t} = (1 - b_{m}^{t}) \cdot O_{m,n,t}^{\text{ori}} + b_{m}^{t} \cdot O_{m,n,t}^{\text{hel}} \tag{4.15}$$

4.3.3　长期收益最大化问题建模

定义 $i_{m,n}^{t}$ 指示 UE m 是否在 SBS n 的覆盖范围内，这决定了该用户能否占用该 SBS 的频带资源，即

$$i_{m,n}^{t} = \begin{cases} 1, & \text{用户} m \text{ 被SBS} n \text{ 覆盖} \\ 0, & \text{其他} \end{cases} \tag{4.16}$$

定义 $I_{m,n}^{t}$ 指示 UE m 是否与 SBS n 建立了连接，应有

$$I_{m,n}^{t} = \begin{cases} 1, & \text{用户} m \text{ 与SBS} n \text{ 建立连接} \\ 0, & \text{其他} \end{cases} \tag{4.17}$$

由于每个 SBS 都受带宽资源(子信道数量)限制，在时隙 t 与 SBS n 建立连接的用户数应满足：

$$\sum_{j=1}^{M} i_{j,n}^{t} I_{j,n}^{t} \leqslant K, \forall n \in N \tag{4.18}$$

为达到 SBS 利用其有限的资源最大化其利益的目的，可建立目标函数：

$$\begin{aligned} P:\ & \max_{m,n,t} \ \lim_{T \to \infty} \frac{1}{T} \sum_{t=0}^{T-1} \sum_{m \in M} \sum_{n \in N} i_{m,n}^{t} I_{m,n}^{t} O_{m,n}^{t} \\ \text{s.t.}\ & C1:\ (1 - s_{m}^{t}) \cdot \Xi_{m,t}^{\text{loc}} + s_{m}^{t} \cdot \Xi_{m,n,t}^{\text{trans}} < L_{m}^{t} \\ & C2:\ (1 - s_{m}^{t}) \cdot D_{m,n,t}^{\text{loc}} + s_{m}^{t} \cdot D_{m,n,t}^{\text{rem}} \leqslant \varGamma_{m,n}^{t} \\ & C3:\ O_{m,n}^{t} > \varepsilon, U_{m,n}^{t} > 0 \\ & C4:\ \sum_{m=1}^{M} i_{m,n}^{t} I_{m,n}^{t} \leqslant K, \forall n \in N \\ & C5:\ \phi_{n}^{t} \leqslant V_{n}, \forall n \in N \\ & C6:\ s_{m}^{t} \in \{0,1\}, b_{m}^{t} \in \{0,1\} \\ & C7:\ i_{m,n}^{t} \in \{0,1\}, I_{m,n}^{t} \in \{0,1\} \end{aligned} \tag{4.19}$$

式中，$C1$ 为 UE 的能耗限制，本地处理或传输任务的能耗不能大于该 UE 的当前电量水平，其中，L_{m}^{t} 为 UE 的当前电量水平；$C2$ 为每个任务的可容忍时延限制，本地处理或边缘处理的时延都不能超过任务的最大可容忍时延；$C3$ 保证用户和 SBS 的基本利益，其中，ε 为 SBS 要求的基本获益值；$C4$ 为 SBS 的子信道数量的限制；$C5$ 中 ϕ_{n}^{t} 为 SBS n 当前并行

处理的任务数，它不能超过该 SBS 所能提供的虚拟机个数；$C6$ 指示任务的卸载和处理决策；$C7$ 表明用户与 SBS 间的覆盖与连接情况。

4.4 收益最大化的移动边缘卸载方法

本节提出一种基于拍卖理论的计算卸载策略。首先，分析每个 UE 的初始出价和出价意愿，然后，设计支付规则并确定拍卖赢家，进一步地，提出基于拍卖的利益最大化计算卸载算法。

4.4.1 拍卖收益建模

拍卖初始，每个用户会选择距其一定距离且具有最低任务密度的 SBS 作为其辅助 SBS。为保证拍卖的真实性，每轮拍卖初始，每个用户衡量自身设备情况，如当前电量水平、时延、能耗要求、支出的费用等，决定是否投标，决定不投标的用户无须等待，可直接将其任务进行本地处理。决定投标的用户会向原 SBS 递交标书：

$$\boldsymbol{B}^t_{m,n}=\{d^t_{m,n},\mu^t_{m,n},c^t_{m,n},\vartheta^t_{m,n},\Gamma^t_{m,n}\} \tag{4.20}$$

其中，等号右边前两项分别为请求处理的任务的数据大小以及用户传输每比特数据投标的价格；第三项和第四项分别为任务处理所需的 CPU 周期数和用户占用 SBS 每 CPU 周期计算资源的投标价格；第五项为该任务当前的可容忍时延，任务只有在可容忍时延内处理完，用户才会支付相应费用。

在首轮拍卖开始时，仅以 SBS 的单位资源成本价格作为用户递交的竞标价格，对于带宽资源的占用，SBS 的成本 $w\cdot\gamma_W$ 是固定的，而用户为了竞争该资源，是按该任务的比特数大小竞拍的，因此，需将 SBS 的固定带宽成本转换为对应用户的单位比特价格 $\mu^t_{m,n}$。类似地，SBS 在处理用户任务时的基本成本包括处理该任务时的时间成本和能耗成本，即 $\gamma_C\cdot\dfrac{c^t_{m,n}}{F_n}+\gamma_\Xi\cdot\kappa_n d^t_{m,n}$，而用户竞争计算资源时是按该任务所需的 CPU 周期数大小竞拍的，因此，需将 SBS 处理该任务所需的时间和能耗成本转换为对应用户的单位 CPU 周期价格 $\vartheta^t_{m,n}$。

将满足 SBS 成本时的价格作为用户对占用 SBS 资源的初始竞标价格，由此可得每个用户在拍卖初始时的竞标价格，即占用 SBS 带宽传输单位比特和占用 SBS 计算资源处理单位 CPU 周期的竞标价格：

$$\begin{cases}\mu^t_{m,n}=\dfrac{w\cdot\gamma_W}{d^t_{m,n}}\\[2ex]\vartheta^t_{m,n}=\dfrac{\gamma_C\cdot\dfrac{c^t_{m,n}}{F_n}+\gamma_\Xi\cdot\kappa_n d^t_{m,n}}{c^t_{m,n}}\end{cases} \tag{4.21}$$

未在前一轮拍卖中胜出的竞标用户，在该轮拍卖结束时，其可容忍时延变为

$$\Gamma_{m,n}^{t} \leftarrow \Gamma_{m,n}^{t} - \tau' \tag{4.22}$$

考虑到用户个人理性(参与拍卖的用户的利益不低于 0)、UE 电量水平的不同和任务时延要求的变化，满足如下三种情况之一的用户才会选择投标：

$$\begin{aligned}
&(1)\quad \begin{cases} \Gamma_{m,n}^{t} < D_{m,n,t}^{\text{loc}} \\ U_{m,n}^{t} > 0 \end{cases} \\
&(2)\quad \begin{cases} \Xi_{m,n,t}^{\text{trans}} < L_{m}^{t} < \Xi_{m,t}^{\text{loc}} \\ U_{m,n}^{t} > 0 \end{cases} \\
&(3)\quad \begin{cases} \Xi_{m,n,t}^{\text{trans}} < \Xi_{m,t}^{\text{loc}} < L_{m}^{t} \\ U_{m,n}^{t} > 0 \\ D_{m,n,t}^{\text{loc}} < \Gamma_{m,n}^{t} - \tau' \end{cases}
\end{aligned} \tag{4.23}$$

其中，情况(1)表明对于任务本地处理时延过大的用户而言，其投标意愿只受其利益值的影响，也就是说，只要其卸载时的获益仍大于 0，该用户会一直选择竞拍；情况(2)表明当用户的设备电量水平不足以支撑其任务本地处理时，投标意愿只受利益值的影响；情况(3)针对有能力本地处理其任务的用户，其以节省能耗为目的参与竞拍，将衡量当前的可容忍时延，当该轮拍卖结束后，其可容忍时延还足够其进行本地处理，用户才会选择竞拍。

每轮拍卖开始，选择竞拍的用户会向原 SBS 递交标书，原 SBS 收到竞拍用户的标书后，考虑到在该轮拍卖结束后才开始接收赢家任务，需要根据用户在该轮拍卖结束后的可容忍时延 $\Gamma_{m,n}^{t} - \tau'$ 来判定该任务如果胜出，应由哪个 SBS 进行处理。如果原 SBS 和辅助 SBS 均能在满足时延限制的条件下处理该任务，则原 SBS 具有较高的优先级，用 ς_{m}^{t} 表示原 SBS 对该任务处理情况的判断结果：

$$\varsigma_{m}^{t} = \begin{cases} 0, & D_{m,n,t}^{\text{ori}} \leqslant \Gamma_{m,n}^{t} - \tau' \\ 1, & D_{m,n,t}^{\text{hel}} \leqslant \Gamma_{m,n}^{t} - \tau' < D_{m,n,t}^{\text{ori}} \\ -1, & \text{其他} \end{cases} \tag{4.24}$$

其中，$\varsigma_{m}^{t} = 0$ 为在该轮拍卖结束后原 SBS 可在 $\Gamma_{m,n}^{t} - \tau'$ 时间内处理该任务；$\varsigma_{m}^{t} = 1$ 为在该轮拍卖结束后原 SBS 不能在 $\Gamma_{m,n}^{t} - \tau'$ 时间内处理该任务，而辅助 SBS 可在 $\Gamma_{m,n}^{t} - \tau'$ 时间内处理完成；$\varsigma_{m}^{t} = -1$ 为原 SBS 和辅助 SBS 均无法在 $\Gamma_{m,n}^{t} - \tau'$ 时间内处理完该任务。

原 SBS 根据时延关系的判定结果，去除其无法完成的任务投标，即 $\varsigma_{m}^{t} = -1$ 的投标，计算余下每个投标在上述判定结果下可以带给 SBS 的投标利益。

为有效防止用户的不诚实竞标(任意一个用户都无法通过不诚实的报价来增加其利益)，设计了用户支付规则：

(1) 每个原 SBS 找到带给其最高利益值的 UE m_1 作为预挑选的赢家，并记录其投标支付；

(2) 移除投标支付比 UE m_1 高的用户标书；

(3) 选择剩余标书中的最大投标支付值作为 UE m_1 的实际支付。

可根据该实际支付值计算该用户带给 SBS 的实际利益，如果该投标对应的利益值大

于 SBS 的基本获益值 ε，则该用户任务成为该轮拍卖的赢家，对于该轮拍卖的赢家任务，应有

$$\begin{cases} s_m^t = 1 \\ b_m^t = \varsigma_m^t \end{cases} \tag{4.25}$$

竞拍失败的用户会通过提升价格的方式来提高其竞争力，由于采用的是组合拍卖，针对现有价格 $(\mu_{m,n}^t, \vartheta_{m,n}^t)$，UE 加价后的价格为

$$\begin{aligned} \mu_{m,n}^t &\leftarrow \mu_{m,n}^t + a \\ \vartheta_{m,n}^t &\leftarrow \vartheta_{m,n}^t + b \end{aligned} \tag{4.26}$$

其中，$(a,b) \in \{(\delta_W,0),(0,\delta_C),(\delta_W,\delta_C)\}$，采用 δ_W 和 δ_C 表示每次资源增加的大小。由于每个用户不清楚其他用户的情况，因此采用随机挑选的方法探索性选择 (a,b) 的值来增加它们各自的投标价格。

4.4.2 收益最大化的卸载算法

基于上述分析，设计基于拍卖的利益最大化计算卸载算法，如表 4.1 所示，该算法在保证用户利益的情况下，可形成最大化 SBS 利益的计算卸载策略，在每个时隙 $t \in T$，原 SBS 会从距其一定距离的多个 SBS 中选择一个任务密度较低的 SBS 作为其辅助 SBS，用户则在计算初始投标价格和利益后，决定是否投标。

表 4.1 基于拍卖的利益最大化计算卸载算法

算法：基于拍卖的利益最大化计算卸载算法

输入：用户任务 $\Omega_{m,n}^t = \{d_{m,n}^t, c_{m,n}^t, \Gamma_{m,n}^t\}$，频带数 K，每轮拍卖持续时间 τ'，SBS 对用户的覆盖情况 $i_{m,n}^t$，连接情况 $I_{m,n}^t$，SBS 基本获益值 ε

输出：用户任务卸载策略集合 S^t，任务处理决策集合 B^t

1：**for** $t \in T$ **do**
2：原 SBS 选择一个辅助 SBS
3：　根据 $i_{m,n}^t$ 采用式(4.21)和式(4.12)计算每个用户初始投标价格 $(\mu_{m,n}^t, \vartheta_{m,n}^t)$ 和利益 $U_{m,n}^t$
4：　根据式(4.23)决定是否投标
5：　**while** 有用户选择投标 **do**
6：　　**for** $n \in N$ **do**
7：　　　#阶段 1：判断任务处理位置并计算获益
8：　　　**if** $\sum_{m=1}^{M} i_{m,n}^t I_{m,n}^t < K$ **then**
9：　　　　**for** 选择投标的用户 **do**
10：　　　　　用户递交标书 $\boldsymbol{B}_{m,n}^t$
11：　　　　　原 SBS 根据式(4.24)判定 ς_m^t
12：　　　　　**if** $\varsigma_m^t \neq -1$ **then**
13：　　　　　　根据投标支付计算 SBS 整体利益
14：　　　　　**else**
15：　　　　　　拒绝该用户
16：　　　　　**end if**
17：　　　　**end for**
18：　　　**else**

续表

```
19:                 s_m^t = 0
20:                 break
21:             end if
22:             #阶段 2：判断赢家，更新 S^t 和 B^t
23:             for 没被拒绝的用户 do
24:                 选取预挑选的赢家
25:                 根据支付规则计算实际利益 O^t_{m,n}
26:                 若 O^t_{m,n} > ε 则为赢家
27:                 拒绝其他用户
28:             end for
29:             接收赢家任务，赢家与原 SBS 间 I^t_{m,n} = 1
30:             根据式(4.25)更新 S^t_m 和 B^t_m
31:             #阶段 3：更新输家信息
32:             for 被拒绝的用户 do
33:                 根据式(4.26)更新 (μ^t_{m,n}, ϑ^t_{m,n})
34:                 根据式(4.22)更新 Γ^t_{m,n}
35:                 根据式(4.23)决定是否投标
36:             end for
37:         end for
38:     end while
39: end for
```

如果有用户选择投标，则进入循环，开始拍卖。

阶段 1 中，每个原 SBS 会首先衡量其剩余的带宽资源，如果原 SBS 的带宽资源已全部被占用，即 $\sum_{m=1}^{M} i^t_{m,n} I^t_{m,n} = K$，则此 SBS 无法继续开展拍卖，此 SBS 覆盖范围内选择拍卖的用户任务将本地处理，即 $s^t_m = 0$；若原 SBS 还有剩余带宽资源，则接收用户递交的标书，并根据标书内容采用式(4.24)判定任务的处理情况。根据 ς^t_m 值判定是否计算该任务提供的投标利益(用户支付为投标支付)，只计算 $\varsigma^t_m \neq -1$ 的任务带来的利益，即能被原 SBS 或者辅助 SBS 处理的任务；同时拒绝 $\varsigma^t_m = -1$ 的任务，即原 SBS 和辅助 SBS 均无法及时处理的任务。

如果阶段 2 中存在未被拒绝的用户，即当前参与投标的任务中，仍存在可在容忍时延内被原 SBS 或者辅助 SBS 处理的任务。此时需要根据任务带给 SBS 的投标利益大小预挑选该轮拍卖的赢家。在这一过程中，选择投标利益最大的用户作为预挑选的赢家。接着，采用支付规则计算预挑选赢家的实际支付，并计算其带给 SBS 的实际利益。如果预挑选赢家带给 SBS 的实际利益满足 SBS 的基本获益要求，该任务即为该轮拍卖的赢家。每个原 SBS 拒绝输家任务，接受赢家任务，并更新赢家与其原 SBS 间的连接情况 $I^t_{m,n}=1$，这表明了赢家任务占用原 SBS 当前拍卖的带宽资源，接着根据式(4.25)更新用户任务卸载策略集合 S^t_m 和任务处理决策集合 B^t_m。

阶段 3 为输家信息更新过程，在这一阶段中，被拒绝的用户会根据式(4.26)更新其投标价格以提高竞争力，随后更新任务的容忍时延，并根据式(4.23)再次决定是否投标。

4.5 收益优化的移动边缘卸载性能验证

4.5.1 边缘卸载仿真环境

采用 PyCharm 2019 进行仿真验证，考虑两个 SBS 覆盖范围下有多个用户的场景。其中，两个 SBS 覆盖范围内的用户密度具有明显差异。设置每个 SBS 拥有三个虚拟机，类比文献[15]，SBS 的任务到达强度参数 λ_j 由[3，5]随机生成，每个虚拟机服务过程服从参数 β_j=3 的泊松分布。主要仿真参数设置如表 4.2 所示[4, 10, 16, 17]。

表 4.2 主要仿真参数设置表

参数设定	取值范围
任务比特大小/kB	400～600
任务 CPU 周期数/Mega cycles	800～1200
任务容忍时延/s	0.6～1
移动设备 CPU 频率/GHz	1～1.5
移动设备发送功率/mW	257～325
移动设备能耗系数	10^{-26}
小基站虚拟机 CPU 频率/GHz	5
小基站发送功率/W	3
小基站能耗系数/(J/b)	10^{-4}
背景噪声/dBm	−114
子信道带宽/MHz	20
用户与 SBS 间距离/m	150～250
SBS 间距离/m	500
路径损耗指数	3

为验证所提计算卸载策略的性能，对比了以下两种基准策略。

(1)维克里拍卖(Vickrey auction，VA)算法，该算法将支付费用最高的用户判定为赢家，赢家用户在赢得拍卖后，只需支付用户投标中第二高的费用。每轮拍卖中，输家的加价方案为随机加价。

(2)利益最大化多轮拍卖(profit maximization multi-round auction，PMMRA)算法[16]，该算法将具有最高价格绩效比的用户判定为赢家，即投标价格和计算能力均偏高的用户。每轮拍卖中，输家的加价方案为随机加价。

4.5.2 边缘卸载仿真结果

图 4.3 显示了子信道数量与小基站整体利益的关系。可以观察到，SBS 整体利益随着子信道数量增加而增加，随后保持稳定。这是因为子信道数量的增加帮助更多的 UE 赢得竞标，从而为 SBS 提供了更高的利益。当子信道数量等于 3 时仍然存在带宽资源的竞争，并且所提算法相比其他算法具有更好的性能。可见，提出的算法适用于带宽资源相对稀缺

的场景。例如，当子信道数量等于 3，所提算法带给 SBS 的整体利益比 VA 算法提升了 26.6%。这是因为所提算法根据获得的利益选择赢家，这更容易满足 SBS 的利益要求，从而获得了更高的利益。

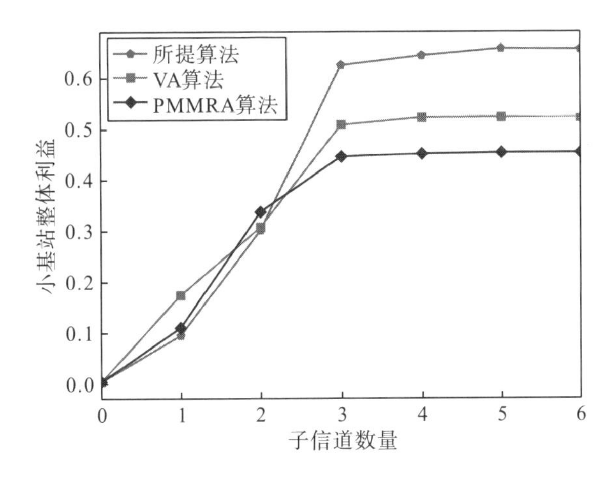

图 4.3　子信道数量与小基站整体利益的关系

图 4.4 展示了小基站基本获益值与小基站整体利益的关系。由图可知，SBS 整体利益随着 SBS 基本获益值的增加而增加。但随着基本获益值的上升，PMMRA 算法、VA 算法和所提算法分别在 ε=0.02，ε=0.02，ε=0.035 达到峰值，随后逐步下降至 0，进入稳定状态。这是因为随着 SBS 基本获益值的增加，一些可容忍延迟高、数据量大的任务会参与更多轮的拍卖。这些任务在保证其自身利益大于 0 的前提下会给出更高的投标支付，从而带给了 SBS 更高的利益。然而，随着 SBS 基本获益值的不断增加，这些 UE 也无法支付如此高的费用。因此，越来越多的 UE 放弃竞价，SBS 的利益急剧下降。与其他算法相比，所提算法可以为 SBS 提供更高的利益。例如，当 SBS 的基本获益值等于 0.02 时，所提算法为 SBS 提供的利益比 PMMRA 算法提升了 4.1%，这源于所提的赢家确定方法和支付规则。

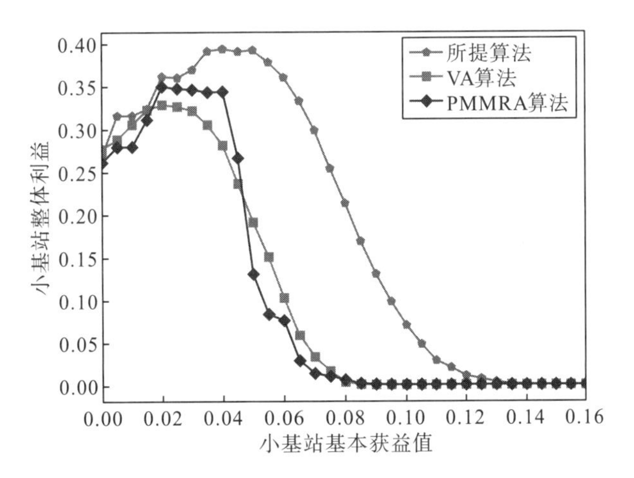

图 4.4　小基站基本获益值与小基站整体利益的关系

用户数量和任务卸载数量之间的关系如图 4.5 所示。可以看到，任务卸载数量随着用户数量的增加而增加，随后趋于稳定。这表明由于计算和带宽资源的限制，SBS 只能服务有限的 UE。然而，该算法的任务卸载数量低于 PMMRA 算法。例如，当用户数量等于 35 时，与 PMMRA 算法相比，所提算法的任务卸载数量减少了 7.0%。这是因为仿真中将 SBS 基本获益的值设置为 0.035，此参数可以用较低的任务卸载数量为 SBS 提供较高的利益。

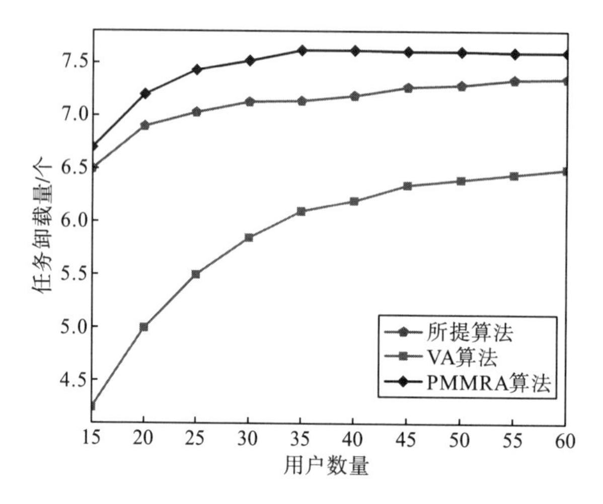

图 4.5 用户数量与任务卸载数量之间的关系

图 4.6 展示了用户数量和小基站整体利益之间的关系。SBS 整体利益随着用户数量的增加而增加，随后趋于稳定。SBS 整体利益趋于稳定是因为每个 SBS 只能服务有限数量的 UE，这限制了 SBS 整体利益的增长。此外，所提算法提供给 SBS 的整体利益高于其他算法。例如，当用户数等于 50 时，所提算法的性能分别比 VA 算法和 PMMRA 算法提高了 23.8%和 19.3%。这是因为卸载策略中选择了能够为 SBS 提供最高投标利益的用户为拍卖赢家。此外，支付规则在保证 UE 理性的前提下，最大限度地减少了用户数量的增加对 SBS 整体利益的损害。

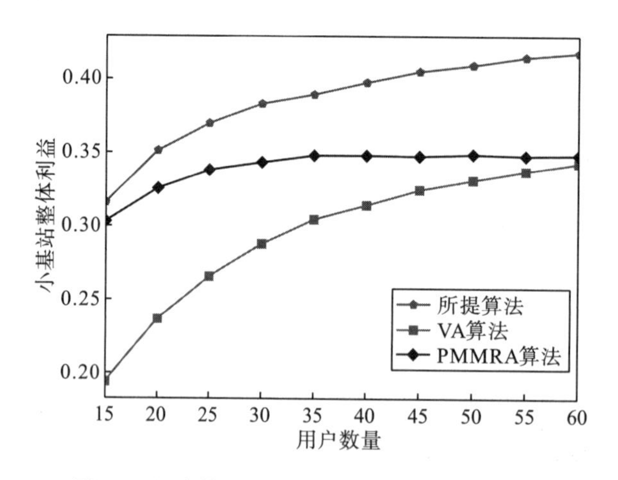

图 4.6 用户数量与小基站整体利益之间的关系

图 4.7 反映了不同用户数量下的任务丢弃率。需要注意的是，被丢弃的任务包括那些既不能在本地处理，也无法卸载到 SBS 的任务。可以看到，任务丢弃率随着用户的增加而增大，随后趋于稳定。这是由于 SBS 具有资源限制。所提算法比其他算法具有更好的性能。例如，当用户数等于 50 时，与 VA 算法和 PMMRA 算法相比，所提算法的性能分别提高了 7.5%和 9.3%。这是因为存在 UE 为节省本地能量消耗而参与投标的现象，而这些 UE 的投标支付和提供的利益较低，很难成为赢家，最终选择木地处理，使所提算法拥有了较低的任务丢弃率。

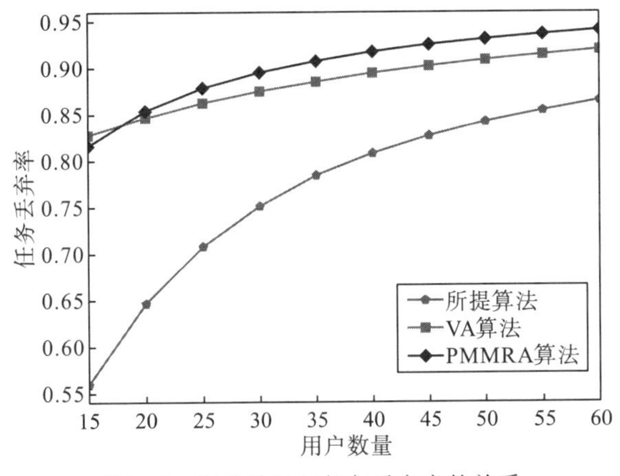

图 4.7　用户数量与任务丢弃率的关系

图 4.8～图 4.10 反映了不同用户数量下的赢家情况。可以看到，随着用户数量的增加，赢家平均初始投标、赢家平均投标支付和赢家平均实际支付都在增加，这是因为用户数量的增加加剧了资源竞争，提高了资源的购买价格。可以观察到，所提算法比其他算法具有更好的性能。例如，当用户数量为 35 时，所提算法在赢家平均初始投标、赢家平均投标支付和赢家平均实际支付上分别比 VA 算法降低了 3.7%、3.5%和 2.8%。这是因为所提算法根据获得的利益来选择赢家，而不关心 UE 的支付。因此，它为较小规模的任务提供了成为赢家的机会，这些任务只需要较低的处理成本和较短的带宽占用时间，能为 SBS 提供更多的利益。

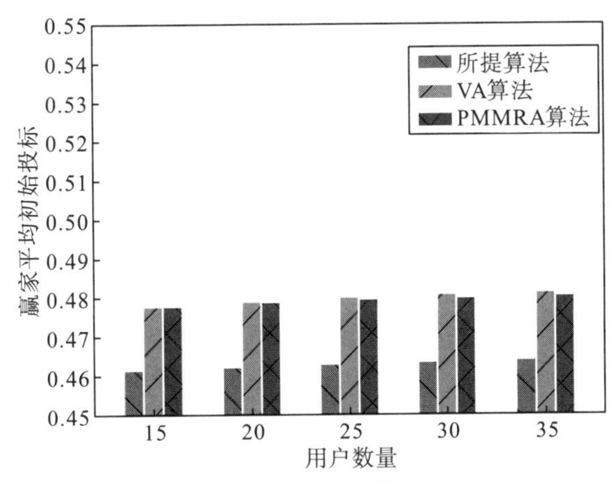

图 4.8　用户数量与赢家平均初始投标

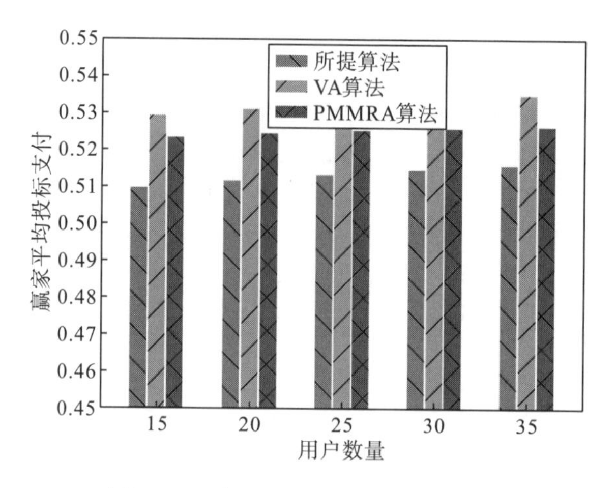

图 4.9 用户数量与赢家平均投标支付

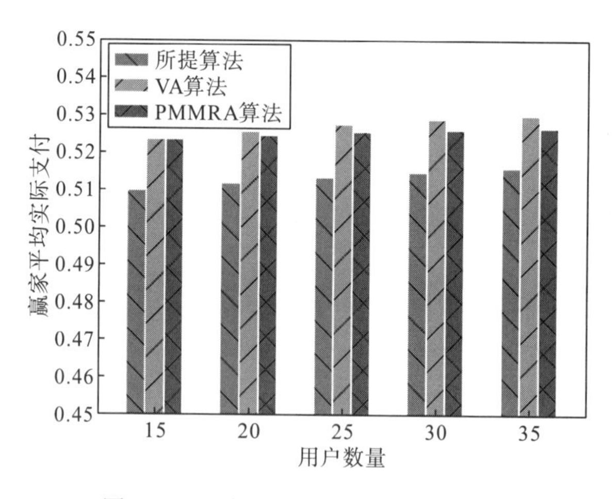

图 4.10 用户数量与赢家平均实际支付

综上所述，提出的收益优化的移动边缘卸载方法可在 SBS 频带和计算资源受限的情况下，实现以保证用户利益为前提的 SBS 整体利益最大化。

4.6 本 章 小 结

本章考虑 SBS 频带和计算资源联合受限的情况，在异构部署的 SBS 场景下提出了收益优化的移动边缘卸载方法。根据用户状态分析了用户根据自身物理特征变化所展露的投标意愿，该特征包括容忍时延、利益需求等，可有效确保用户个体理性。以保证任务容忍时延为前提，设计了赢家确定方案和赢家支付规则，最终形成基于拍卖的利益最大化卸载算法。仿真结果表明，所提算法实现了 SBS 计算和带宽资源限制下最大的卸载量，并为 SBS 提供更高的利益。

参 考 文 献

[1] Dinh T Q，La Q D，Quek T Q S，et al. Learning for computation offloading in mobile edge computing[J]. IEEE Transactions on Communications，2018，66(12)：6353-6367.

[2] Yang L C，Zhang H L，Li X，et al. A distributed computation offloading strategy in small-cell networks integrated with mobile edge computing[J]. IEEE/ACM Transactions on Networking，2018，26(6)：2762-2773.

[3] Li Y Q，Wang X，Gan X Y，et al. Learning-aided computation offloading for trusted collaborative mobile edge computing[J]. IEEE Transactions on Mobile Computing，2020，19(12)：2833-2849.

[4] Yi C Y，Cai J，Su Z. A multi-user mobile computation offloading and transmission scheduling mechanism for delay-sensitive applications[J]. IEEE Transactions on Mobile Computing，2020，19(1)：29-43.

[5] Chen X F，Zhang H G，Wu C.，et al. Optimized computation offloading performance in virtual edge computing systems via deep reinforcement learning[J]. IEEE Internet of Things Journal，2019，6(3)：4005-4018.

[6] He X F，Jin R C，Dai H Y. Deep PDS-learning for privacy-aware offloading in MEC-enabled IoT[J]. IEEE Internet of Things Journal，2019，6(3)：4547-4555.

[7] Jafari A H，López-Pérez D，Song H，et al. Small cell backhaul：Challenges and prospective solutions[J]. EURASIP Journal on Wireless Communications and Networking，2015(1)：206.

[8] Wang S，Zhang X，Yan Z，et al. Cooperative edge computing with sleep control under nonuniform traffic in mobile edge networks[J]. IEEE Internet of Things Journal，2019，6(3)：4295-4306.

[9] Zhang J，Hu X P，Ning Z L，et al. Energy-latency tradeoff for energy-aware offloading in mobile edge computing networks[J]. IEEE Internet of Things Journal，2018，5(4)：2633-2645.

[10] Chen Y，Zhang Y C，Wu Y，et al. Joint task scheduling and energy management for heterogeneous mobile edge computing with hybrid energy supply[J]. IEEE Internet of Things Journal，2020，7(9)：8419-8429.

[11] Zhang D Y，Tan L，Ren J，et al. Near-optimal and truthful online auction for computation offloading in green edge-computing systems[J]. IEEE Transactions on Mobile Computing，2020，19(4)：880-893.

[12] Zhan W H，Luo C B，Min G Y，et al. Mobility-aware multi-user offloading optimization for mobile edge computing[J]. IEEE Transactions on Vehicular Technology，2020，69(3)：3341-3356.

[13] Sheng M，Wang Y T，Wang X J，et al. Energy-efficient multiuser partial computation offloading with collaboration of terminals，radio access network，and edge server[J]. IEEE Transactions on Communications，2019，68(3)：1524-1537.

[14] Bi S Z，Zhang Y J. Computation rate maximization for wireless powered mobile-edge computing with binary computation offloading[J]. IEEE Transactions on Wireless Communications，2017，17(6)：4177-4190.

[15] Xu X L，Huang Q H，Yin X C，et al. Intelligent offloading for collaborative smart city services in edge computing[J]. IEEE Internet of Things Journal，2020，7(9)：7919-7927.

[16] Wang Q Y，Guo S T，Liu J D，et al. Profit maximization incentive mechanism for resource providers in mobile edge computing[J]. IEEE Transactions on Services Computing，2022，15(1)：138-149.

[17] Tuong V D，Truong T P，Tran A T，et al. Delay-sensitive task offloading for internet of things in nonorthogonal multiple access MEC networks[C]//2020 International Conference on Information and Communication Technology Convergence (ICTC). Jeju：IEEE，2020：597-599.

第 5 章　端-边协同的视频分发共享技术

拥有特定视频的固定节点，以单播、组播或广播的方式将视频通过无线链路依次或同时发送至多个移动终端完成视频内容的分发，从而为用户提供特定的视频服务。然而，由于本地业务中存在着大量重复的内容需求，用户之间的独立内容请求导致了边缘服务器的冗余传输。为了缓解此问题，可利用边缘用户之间建立的临时链路完成视频数据的分发。本章提出一种带有用户属性感知的端-边协同视频分发共享策略。首先将具相似兴趣的用户聚合为虚拟社区，并以簇为单位向边缘服务器发送视频内容请求，从而降低相同内容的传输次数，节省服务器的能耗；同时，鉴于用户的个体理性导致的共享意愿低的问题，本章提出一种基于可伸缩视频编码的边缘协作共享机制，利用用户之间的传输偏好控制数据的共享，增强用户间的协作，进而有效缓解边缘服务器负载，提升视频传输的可靠性和灵活性。

5.1　视频分发共享技术研究现状及主要挑战

5.1.1　视频分发共享技术研究现状

为了避免基站对热门文件的冗余传输，同时保证用户体验质量，研究人员分别从分簇和社会属性的角度展开了视频分发技术的研究。

1. 基于分簇的视频分发机制

作为一种高效实时流媒体视频分发机制，组播能够利用无线传输的广播特性，将同一视频流同时传输至多个用户，但是边缘服务器到多个用户的差异化信道使得设计有效的组播机制十分困难。文献[1]提出了一种基于组播的端到端分发机制，发送端可同时向多个目标接收端传输数据，但用户之间的链路质量存在差异。为确保所有终端都能够正确接收数据，组播速率取决于链路质量最差的目标终端。然而，在视频分发场景中，视频服务器通常会为同一段视频保存多个分辨率的版本。如果数据速率较低，则采用分辨率较低的视频版本，从而获得品质较低的视频流。为解决上述数据速率与视频质量不匹配问题，可利用端到端通信技术进行数据分发，当多个用户请求同一热门文件时，由地理位置邻近的多个用户组成通信组，并以组为单位向基站发送请求，组内用户通过端到端通信增强彼此的服务。

在文献[2]中，作者提出一种端到端簇内组播算法，为避免在蜂窝通信阶段强制各 UE 以最低速率接收数据，基站根据信道条件采用单播的形式以最高的比特率将数据传输至各簇头，其后簇头采用组播的方式向簇内用户分发数据。文献[3]提出了一种基于多跳的端到端协作中继算法，根据端到端链路质量自适应地选择最优中继、路由以及传输跳数。具体地，如图 5.1(a)所示，首先，将待分发的数据文件 C 分割为若干个数据包 C_1、C_2、C_3，基站以单播的方式将数据包分发至不同终端，各终端通过端到端通信交换彼此接收到的数据包，待交换完成后重新组成完整的数据文件，从而完成数据的分发。此外，端到端组播分发场景如图 5.1(b)所示，当终端接收到被分割的小数据包后，采用组播的方式分发至簇内其他终端，以此降低终端的传输次数。此方式与基站分发的方式相比，其优点在于能够有效缓解因链路质量差异较大而导致的用户体验质量下降问题。文献[4]提出一种速率自适应的视频组播方案，该方案能够为用户提供与其信道条件相匹配的差异化视觉质量，同时，通过建立速率调度模型，为每个视频帧选择最佳传输比特率，以优化用户的视觉质量。

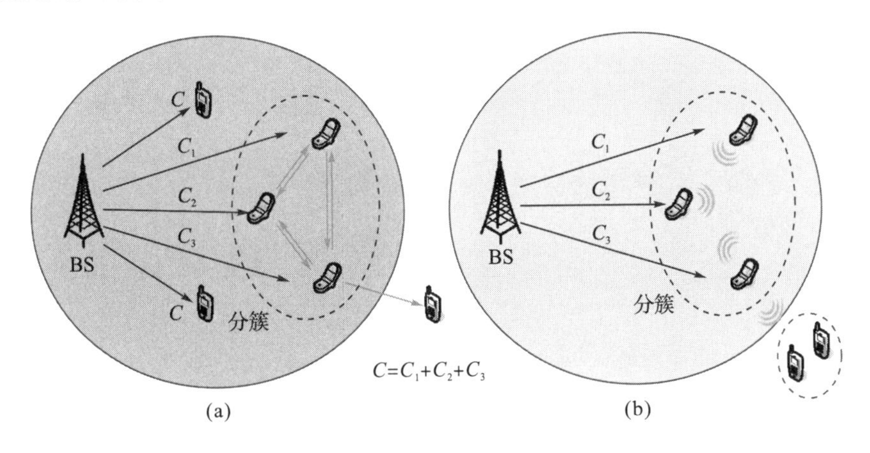

图 5.1　端到端数据分发场景

综上所述，通过端到端通信协助数据分发的方式，能够将多个低速的下行链路汇聚成一个虚拟的高速下行链路，从而显著提高数据分发的速率。此外，端到端通信的短距特性，使其能够支持高速率的簇内数据转发，进而提高数据分发的效率。

2. 基于社会属性的视频分发机制

由上述可知，端到端视频分发机制能够极大程度地避免边缘服务器冗余传输，增强用户的体验质量，但此种传输方式通常会带给 UE 额外的能量开销[5]，且用户的个体理性使得其参与意愿降低，进而限制了数据的分发效率。在已有的研究中，利用社交关系促进用户之间的协作。社交关系包括社交信任和社交互惠[6,7]，其中，社交信任存在于亲人、朋友或同事之间，用户愿意在无回报的情况下将缓存数据进行共享；而社交互惠通过激励彼此不熟悉的用户进行合作，以实现视频质量提升的双赢局面。

文献[6]提出了一种面向视频组播的端到端通信辅助缓存机制，所提框架包括物理域和社交域，如图 5.2 所示。在物理域，边缘服务器将视频流组播至特定的多个目的用户，用户之间可通过端到端通信共享接收到的数据包；在社交域，用户之间利用社交信任和社交互惠实现数据的共享。具体地，在上述两种社交关系的基础上，通过联盟博弈分布式地获取用户的分组方案，并考虑视频流特有的编码结构以尽可能恢复不完整的视频帧，从而提升视频组播系统的性能及用户体验质量。文献[7]提出了一种基于社交信任和社交互惠的端到端协作通信机制，将中继选择建模为联盟博弈问题，并通过求得核心解获取最佳中继选择方案。如图 5.2 所示，受物理条件约束，在物理域中不同用户具有不同的可行中继；在社交域中，用户间的社交信任存在差异，不同用户存在不同的辅助关系，当用户之间不存在社交信任时，可通过形成互惠关系来促进用户间的有效协作。

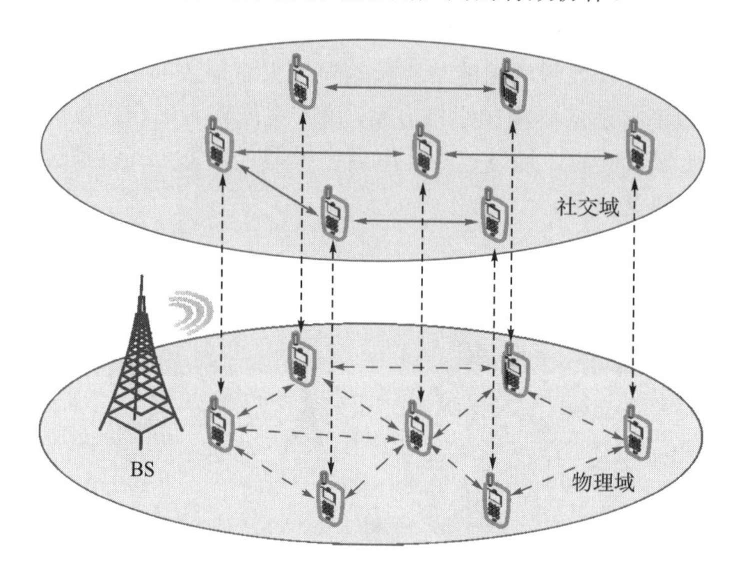

图 5.2 视频分发网络架构

文献[8]提出了一种基于社会感知率的内容共享机制，其包含端到端、基站到端和多端到端三种共享模式。通过将链路速率和社会属性相结合以确保物理链路质量及协作的有效性，并将共享模式选择问题建模为最大加权混合匹配问题，从而可有效避免额外的存储和通信开销，提高资源的利用率。文献[9]提出了一种带有社会属性感知的多速率组播机制，将用户的社会偏好建模为分组中继的差异化成本，通过中继用户和接收用户之间的社会关系强度进行加权，并在动态无线网络中根据网络拓扑、链路容量和用户连接制定最优的组播方案。

5.1.2 视频分发共享技术主要挑战

为应对不断增长的移动数据需求，第三代合作伙伴计划(3rd generation partnership project，3GPP)定义了端到端通信技术，此种技术充分利用了 ETSI 所提出的移动边缘计算 MEC 思想[10]，将部分核心网功能转移至网络边缘以有效地避免边缘服务器的冗余传输。

边缘计算模式减轻了基站的负载，并进一步提升了频谱利用率，但使用边缘计算技术解决海量视频的问题仍面临以下三个方面的挑战。

1. 个性化需求

蜂窝通信系统中的用户具有显著的社会属性[11, 12]，不同用户间的亲密程度存在差异，导致用户表现出不同的内容偏好，进而使得其对视频质量展现出个性化需求。因此，如何满足用户对视频播放质量的个性化需求面临重要挑战。

2. 网络环境多变

在无线接入网及回程链路带宽资源受限的情况下，本地业务中存在较多重复的内容需求，而大量冗余的内容请求必然会出现传输时延增加、网络拥塞等问题，从而影响用户的服务体验。如何适应多变的网络环境，克服网络传输过程中因信道差错及丢包带来的影响是一个重要挑战。

3. 通信间断

在实际情况中，用户具有较强的移动性，且移动过程将会使得端到端链路呈现间断特征，从而导致传输失败。因此，视频数据的协作分发不仅要考虑用户之间的兴趣相似度，而且需要考虑用户的位置分布情况。如何为移动用户建立动态连接，缓解链路在时域和空域出现的通信间断问题面临重要挑战。

针对上述问题，本章提出带有用户属性感知的端到端视频分发策略，通过将用户社会属性与视频码流特性以及 UE 能力相匹配，为视频的传输提供可靠性和自由度保障。具体地，根据用户兴趣相似程度建立分布式虚拟社区，并采用基于网格的分簇方法对用户的位置进行划分。此外，为适应不同用户对视频服务的需求以及动态变化的网络传输环境，引入可伸缩视频编码技术(SVC)[13, 14]，并根据移动设备的工作状态及当前时刻所处位置，为不同用户组播不同层级的码流。最终，基于用户之间的传输偏好控制数据的共享，有效地促进用户之间的协作。

5.2　视频分发共享网络架构

社会属性描述了用户之间的长期交互行为，具有较强的稳定性[15]，因此采用与社会属性相关的参数对用户加以区分，可有效利用用户间建立的临时链路完成视频数据的传输。此外，拥有相似社会属性的用户常以较大概率相遇，从而形成虚拟社区。本节定义的虚拟社区是一种由移动设备组成、能够机会式共享资源、连接动态变化的协作式组织。虚拟社区内用户分布如图 5.3 所示，相同颜色的用户归属于同一个虚拟社区。在传统的视频分发方式中，每个用户独立地从边缘服务器获取所需内容，若多个用户访问同一内容，那么就需要边缘服务器反复将同一内容发送至各用户。此种传输方式不仅增加了边缘服务器的负担，而且造成了频谱资源的浪费。为此，本节提出虚拟社区模型，通过用户间的协作缓解边缘服务器的压力。具体地，通过筛选具有相似兴趣的用户以形成虚拟社区，并基于用户当前时刻的地理位置以簇为单位向边缘服务器发送请求，从而能够极大程度地降低边缘服务器对相同视频数据的传输次数，达到节省边缘服务器能耗的目的。

虚拟社区具有动态特性，移动管理实体(mobility management entity，MME)利用协作控制服务器(cooperative control server，CCS)接收、更新并管理节点信息。CCS 的管理作用类似于簇头，通过集中式的方式访问社区内的移动节点。此外，该结构能够充分利用集中式和分布式架构的优势，以“尽力而为”的方式在网络边缘实现视频数据的分发。

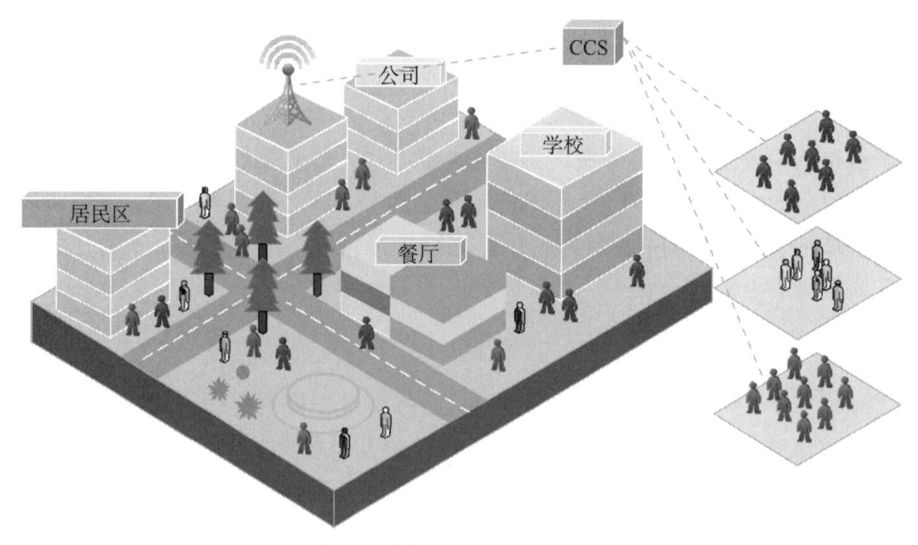

图 5.3 虚拟社区内的用户分布

5.2.1 逻辑结构感知

兴趣代表了用户的长期行为，具有一定的稳定性[16]。因此，用户需要获知与其他用户的兴趣相似程度以确定自身的社区归属。本节采用兴趣相似度对用户加以区分，并通过利用用户间建立的临时链路完成视频数据的传输，从而达到提高网络资源利用率的目的。

本节采用协同过滤的方法获取用户之间的兴趣相似度。假设某一段时间内视频数据总数为 Z，给定用户 u_i 和 u_j，通过统计用户的历史访问记录分别得到用户 u_i 及 u_j 的偏好集合 $N(u_i)$、$N(u_j)$。具体地，使用二进制随机变量 a_z 表示用户对内容的访问情况，若用户点击或缓存过视频数据 z，则有 $a_z=1$，否则 $a_z=0$，从而得到 $N(u_i)=\{a_1^i,a_2^i,\cdots,a_Z^i\}$、$N(u_j)=\{a_1^j,a_2^j,\cdots,a_Z^j\}$。因此，根据杰卡德(Jaccard)系数[17]得出用户 u_i 和 u_j 之间的兴趣相似度，如式(5.1)所示：

$$S_{u_i,u_j}=\frac{|N(u_i)\cap N(u_j)|}{|N(u_i)\cup N(u_j)|} \tag{5.1}$$

其中，$0\leqslant S_{u_i,u_j}\leqslant 1$。显然，$S_{u_i,u_j}$ 的数值越大，用户之间兴趣越为相似。由式(5.1)得到用户 u_i 与其他用户的兴趣相似度，并将其降序排列构成用户 u_i 的偏好序列。

用户具有个体理性，为获得更好的体验质量，用户从当前序列中邀请与其偏好度最高的用户加入一个特定集合，将这个集合定义为联盟。联盟内用户通过共享缓存以实现视频质量的提升。此外，为获得更多的码流，用户无法脱离当前所在联盟而重新组建新的联盟。因此，本节根据偏好序列动态地将用户分配至各虚拟社区，并采用联盟博弈模型描述用户之间的关系，进而使得各社区内用户的兴趣差异度最低。可见，根据用户的偏好序列，将其划分为多个虚拟社区的过程可转化为联盟博弈问题，并通过求解联盟博弈的核心解得到最佳虚拟社区划分方案。

由于每个用户只能属于一个虚拟社区，并且用户的兴趣不会发生突变，所以通过度量用

户之间的兴趣相似度而形成的联盟具有较强的稳定性。本节通过迭代的方式形成联盟，并定义第t个迭代周期后用户集合为A_t，联盟集合为C_t。具体地，在第一个迭代周期，即$t=1$时，用户数为$|A_1|=N$，联盟集合$C_1=\varnothing$，在集合A_1中任选一个用户u_i，根据其偏好序列，用户u_i向与其兴趣相似度最高的用户发出邀请信息，若此时被邀请用户未加入任何联盟，并回复“接受”信息，那么将其标记为u_i^{opt}并加入用户u_i所在联盟；若此时该用户已加入其他联盟，或回复“拒绝”信息，那么用户u_i继续邀请序列中下一个用户。随后，由接受邀请的用户u_i^{opt}继续邀请其偏好列表中与之兴趣相似度最高的用户，重复此过程，直至起始用户u_i作为被邀请用户加入此联盟，形成闭合用户组。此时，第一个迭代周期结束。在第二个迭代周期$t=2$，将已归属联盟C_1的用户移除即$A_2=A_1/C_1$，并从当前集合A_2中任选一个用户继续寻找联盟C_2。在第t个迭代周期时，将已归属联盟$\sum_{k=1}^{t-1}C_k$的用户移除，此时，$A_t=A_1/\sum_{k=1}^{t-1}C_k$。重复上述过程，直至$A_t=\varnothing$，迭代结束，由此得到虚拟社区的最佳划分方案。

5.2.2　位置差异检测

通过上述分析，用户可获知彼此的逻辑关系。然而，在实际情况中，用户具有较强的移动性，且移动过程将会使得端到端链路呈现间断特征，从而导致传输失败。因此，视频数据的协作分发不仅要考虑用户之间的兴趣相似度，而且需要考虑用户的位置分布情况。为此，本节在形成虚拟社区的基础上，对用户当前时刻的位置进行检测，进而选取地理位置彼此邻近的用户，最终建立有效的临时链路。

用户的移动具有规律性，移动用户将在其轨迹上访问多个兴趣点，因此地理位置兴趣点(point of interest，PoI)记录了特定用户依时间顺序所处的位置。通常情况下，用户的日常活动具有较强的规律性，如图 5.4 所示，在一段时期内通过统计可得关于用户位置-时刻规律的二维图，从图中可知用户 1 和用户 3 在$t_2 \sim t_4$时间段的相遇机会较大，而用户 1 和用户 2 在t_4时刻的相遇概率较大。

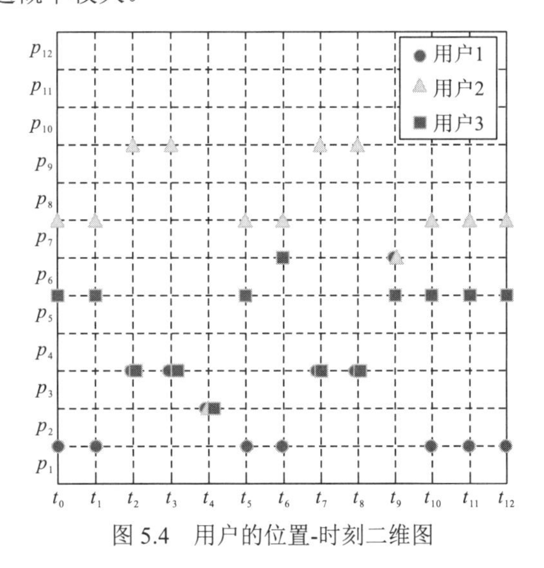

图 5.4　用户的位置-时刻二维图

假设虚拟社区中有 M 个用户，其中 $M \leqslant N$ ，集合 $U_i=\left\{u_i^{p_1}, u_i^{p_2}, \cdots, u_i^{p_k}\right\}$ 表示用户 u_i 的 PoI。基于此，可以得到社区内所有用户的 PoI，并记为 $\Psi_M=U_1 \cup U_2 \cup \cdots \cup U_M$ ，且 $\left|\Psi_M\right|=K$ 。通过统计不同时刻用户处于不同兴趣点的状态，可获知不同用户对不同 PoI 的偏好程度。显然，在某时刻用户处于兴趣地点的次数越多，表明用户对该地点的偏好程度越高。因此，通过计算当前时刻用户到达兴趣地点的次数与统计总次数的比值，得出用户 u_i 在 t 时刻对地点 p_k 的偏好程度，如式(5.2)所示：

$$x_{u_i}^{p_k}(t)=\frac{m_{\text{actual}}}{\theta} \tag{5.2}$$

其中，m_{actual} 为用户 u_i 在时刻 t 到达地点 p_k 的次数；θ 为统计总次数；$x_{u_i}^{p_k}(t)$ 为在 t 时刻用户 u_i 对地点 p_k 的偏好程度，且 $0 \leqslant x_{u_i}^{p_k}(t) \leqslant 1$ ，$\sum_{k=1}^{K} x_{u_i}^{p_k}(t)=1$ 。由此得到 u_i 在 t 时刻对各地点的偏好程度，如式(5.3)所示：

$$X_{u_i}(t)=\left(x_{u_i}^{p_1}(t), x_{u_i}^{p_2}(t), \cdots, x_{u_i}^{p_K}(t)\right) \tag{5.3}$$

不同的用户具有不同的行为习惯，在 t 时刻，用户 u_i 与 u_j 对地点 p_k 的偏好程度存在差异[18]，差异度越小，表明此刻两者的移动轨迹越相似。将 u_i 与 u_j 对各地点偏好程度差异的均值定义为用户 u_i 与 u_j 的位置兴趣差异度，因此，可计算为

$$D\left(u_i, u_j\right)=\frac{\sum_{k=1}^{K}\left|x_{u_i}^{p_k}(t)-x_{u_j}^{p_k}(t)\right|}{K} \tag{5.4}$$

其中，$x_{u_i}^{p_k}(t)$ 与 $x_{u_j}^{p_k}(t)$ 分别为用户 u_i 与 u_j 对地点 p_k 的偏好程度；$D\left(u_i, u_j\right)$ 为用户 u_i 和 u_j 间的位置兴趣差异度，且有 $0<D\left(u_i, u_j\right) \leqslant 1$ ，特别地，当用户之间没有任何关联时，$D\left(u_i, u_j\right)=1$ 。

5.2.3 协作簇生成

根据虚拟社区内用户在 t 时刻所处的位置信息，将其划分为 $w \times w$ 个正方形区域，并记为 $P=\left\{p_1, p_2, \cdots, p_l, \cdots, p_{w^2}\right\}$ ，其中 $p_l, l \in w^2$ 为社区内任意正方形区域，本节将其称为簇，并将端到端的最大通信距离 R 设置为簇内任意两点间的最大距离，使得位于同一簇内的用户可以直接进行通信，如图 5. 5 所示。因此可得 $w=\operatorname{INT}(\sqrt{2} L / R)$，其中 L 是整个区域的边长。此外，通过统计用户在时刻 t 对各 PoI 的偏好程度，根据 $p_l=\left\{P \mid \max \left\{X_{u_i}(t)\right\}\right\}$ 选择出与兴趣地点 p_l 匹配的最优用户，并记为 $U_{\text{optimal}}^{p_l}$ 。因此，在 t 时刻由位置兴趣差异度 $D\left(u_i, u_j\right)$ 最低的用户构成簇。

若边缘服务器将视频数据依次组播至各区域，则必然造成资源的浪费。因此，根据边缘服务器与簇中心之间的距离，选取 κ 个区域作为协作簇(若存在距离相同的情况，优先选取用户数量较多的簇，且为满足组播条件，所选簇内的用户数量应大于等于 3)。显然，κ 的取值与用户 QoE 及边缘服务器能耗之间有着密切联系。若 κ 的取值较小，此时边缘

服务器至协作簇的传输次数较少，即容忍时延 t_D 时间内没有接收到完整视频数据的用户数量较多，此类用户将直接通过边缘服务器获取数据，从而使得边缘服务器的传输效率降低；若 κ 的取值较大，则在 t_D 时间内用户得到完整视频数据的概率较大，并且所需时间较短，但是这种情况增加了边缘服务器至协作簇的传输次数，导致边缘服务器的能耗显著增加。因此，κ 的合理选取至关重要。

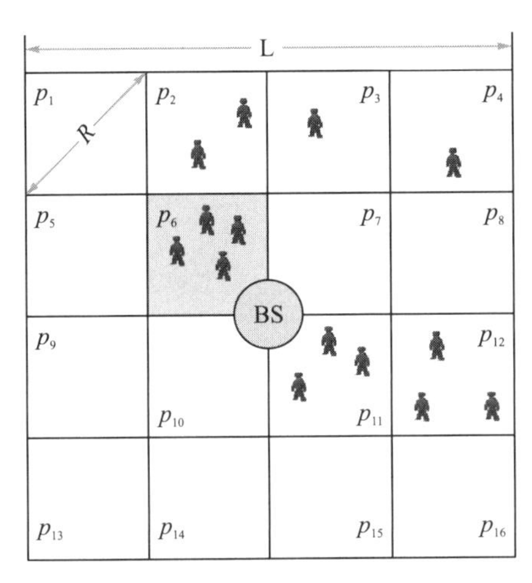

图 5.5　网络区域的划分

本节假设协作簇集合为 $p_{\text{seed}}=\left\{p_l^1,\cdots,p_l^x,\cdots,p_l^\kappa\right\}$, $1\leqslant\kappa\leqslant w^2$，且协作簇 p_l^x 中用户数量为 $M_l^x\left(M_l^x\geqslant 3\right)$。此外，假设视频经服务器后端编码后分为 $\gamma\left(\gamma\geqslant 1\right)$ 层，其中，T_0 为基本层，$T_1,T_2,\cdots,T_{\gamma-1}$ 为增强层。为获得合理的传输方案，本节以传统方式下的组播能耗作为约束条件。具体地，为保证所有用户能够实时地接收到最低质量视频，当组播基本层码流时，选取社区内最低链路速率 $r_{\min}$ 作为组播速率。同时，为获取最优协作簇数目，组播增强层时选取簇内最大链路速率 $R_{\max}^x$ 作为组播速率，此时信道质量较差的用户根据自身能力有选择地接收增强层码流。因此，κ 需满足式(5.5)所示的约束条件：

$$\frac{T_0}{r_{\min}}\cdot P_{\text{BS}}+\sum_{x=1}^{\kappa}\frac{\sum_{i=1}^{\gamma-1}T_i}{R_{\max}^x}\cdot P_{\text{BS}}\leqslant\frac{T_0+\sum_{i=1}^{\gamma-1}T_i}{r_{\min}}\cdot P_{\text{BS}} \tag{5.5}$$

其中，$\left(T_0/r_{\min}\right)\cdot P_{\text{BS}}$ 为边缘服务器将基本层码流组播至全部兴趣用户所消耗的能量；$\sum_{i=1}^{\gamma-1}T_i/R_{\max}^x$ 为边缘服务器组播所有增强层至簇 p_l^x 所需的最短传输时间；不等式右侧为按照传统方式边缘服务器直接将此视频组播至所有兴趣用户的能耗。

将式(5. 5)进行化简，得到 κ 的约束条件：

$$\sum_{x=1}^{\kappa_\chi}\frac{1}{R_{\max}^x}\leqslant\frac{1}{r_{\min}} \tag{5.6}$$

边缘服务器将视频数据组播至协作簇时，由距离决定组播的优先顺序。通过分析式(5.6)可得 $R_{\max}^x\geqslant r_{\min}$，即 $\kappa\geqslant 1$，则至少有一个协作簇可得全部层次的视频码流。

5.3 端-边协同视频分发方法

本节根据用户社会特性及其移动性将部分核心网功能转移至网络边缘，并通过用户之间建立的临时链路代替传统的蜂窝链路完成视频数据的分发，从而避免边缘服务器冗余传输。此外，大量研究表明，相比于移动设备上的其他组成部件，与无线通信相关的模块会消耗更多的能量[19]，而高能耗必然导致设备工作时间缩短，进而影响用户体验质量[20]。因此，用户的个体理性使其共享意愿降低，最终限制了数据的分发效率。为改善上述情况，本节提出一种基于可伸缩视频编码的边缘协作共享机制，利用用户之间的传输偏好控制数据的共享，例如，当用户间存在较强的社会关系时，可提供较大的数据量以增强用户体验，此方式使得视频的传输更加灵活，同时能够有效为源端用户节省能耗，促进用户间协作。

5.3.1 虚拟社区内视频分发

本节构建的视频分发模型如图 5.6 所示，边缘服务器将分层后的码流进行组播。当组播基本层码流时覆盖整个虚拟小区，并选取小区内最低链路速率作为组播速率，以此保证所有用户都能够实时接收到最低质量视频[21]。当边缘服务器组播增强层码流时，选取簇内最高链路速率作为组播速率，并将拥有此速率的用户记为 u_m。当边缘服务器进行组播通信时，用户 u_m 接收全部码流，而簇内其他用户根据所处位置及设备剩余能量情况有选择地接收码流(考虑到增强层间的嵌套关系，为了能够实时解码，假设用户依次接收增强层码流)。

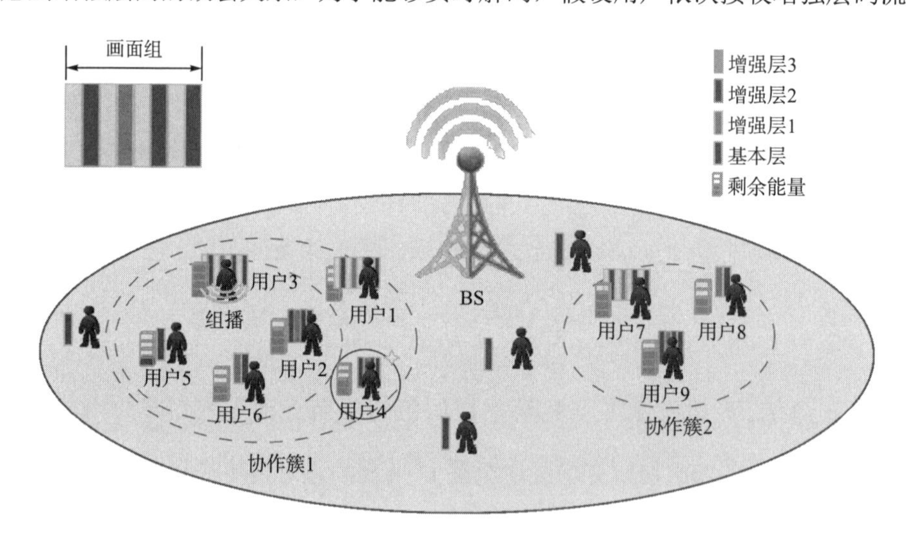

图 5.6 视频分发模型

假设当前时刻用户 u_i 的剩余能量为 $\bar{E}_{u_i}$，与边缘服务器间距离为 d_{c,u_i}，则用户可接收的增强层数量与设备的剩余能量成正比，与边缘服务器间距离成反比。因此，用户 u_i 相对于用户 u_m 的接收率可计算为

$$\eta_i = \left(\frac{\bar{E}_{u_i}}{d_{c,u_i}}\right) \bigg/ \left(\frac{\bar{E}_{u_m}}{d_{c,u_m}}\right) \tag{5.7}$$

以用户 u_m 为参考，通过式(5.7)进行计算得到簇内任意用户 u_i 可接收的增强层数量为 $\mu_i = \mathrm{INT}\left(\eta_i \cdot (\gamma - 1)\right)$，其中 $(\gamma - 1)$ 为增强层的总数量。

为了保证所有用户都能够获得最低质量视频，本章选取最低链路速率 $r_{\min}$ 作为组播速率。与此同时，为了使协作簇数目达到最优，选取簇内最高链路速率作为组播速率。此外，为不失一般性，假设信道服从瑞利分布，∂ 为信道衰减因子，h_0 为高斯信道系数，d_{c,u_i} 为边缘服务器与用户 u_i 之间的距离。由于通信受距离及信道衰减的影响，信道增益 h_{c,u_i} 可计算为

$$h_{c,u_i} = d_{c,u_i}^{-\partial} h_0 \tag{5.8}$$

假设边缘服务器的发射功率为 P_{BS}，则用户 u_i 接收到的信号功率为 $P_{\mathrm{BS}} h_{c,u_i}$。此外，用户 u_i 接收到的噪声来源于两个部分，分别为通信信道中的加性高斯白噪声 $n_0 B$，以及复用同一资源的端到端用户 u_x 的信号干扰，因此，u_i 接收到的噪声总和为 $P_{u_x} h_{c,u_x} + n_0 B$。因此，由香农(Shannon)公式可知，边缘服务器到用户 u_i 的数据传输速率为

$$R_{c,u_i} = B \log_2\left(1 + \frac{P_{\mathrm{BS}} h_{c,u_i}}{P_{u_x} h_{c,u_x} + n_0 B}\right) \tag{5.9}$$

假设簇内用户 u_i 的初始能量为 E_{u_i}，UE 的接收功率为 $P_{u_i,r}$，则经边缘服务器传输后，UE 的剩余能量为

$$\bar{E}_{u_i} = E_{u_i} - \left(\frac{T_0}{r_{\min}} + \sum_{k=1}^{\mu_i} \frac{T_k}{R_{\max}^x}\right) \cdot P_{u_i,r} \tag{5.10}$$

其中，$\mu_i = \mathrm{INT}\left(\eta_i \cdot (\gamma - 1)\right)$ 为用户 u_i 可接收的增强层数目；$T_0 / r_{\min} + \sum_{k=1}^{\mu_i} T_k / R_{\max}^x$ 为用户 u_i 接收边缘服务器组播视频数据所需时长；$\left(T_0 / r_{\min} + \sum_{k=1}^{\mu_i} T_k / R_{\max}^x\right) \cdot P_{u_i,r}$ 为 UE 的能量消耗。

在此阶段中，簇内用户 u_i 接收到的增强层数据量为 $c_{c,u_i} = \sum_{k=1}^{\mu_i} T_k$，因此，边缘服务器在该阶段传输码流的能耗如式(5.11)所示：

$$E_{\mathrm{multicast}} = \left(\frac{T_0}{r_{\min}} + \sum_{x=1}^{\kappa} \sum_{l=1}^{M_l^x} \frac{c_{c,u_i}^x}{R_{\max}^x}\right) \cdot P_{\mathrm{BS}} \tag{5.11}$$

其中，$c_{c,u_i}^x / R_{\max}^x$ 为将 μ_i 个增强层的数据量传输至簇 p_l^x 内用户 u_i 所消耗的时间；$T_0 / r_{\min}$ 为传输基本层码流至全部兴趣用户所需时间。

5.3.2 簇内视频分发

在上述通信中，为避免信道质量差而导致丢包现象，簇内用户根据自身条件有选择地接收部分或全部视频码流。然而，由于用户对视频的播放质量有着不同的偏好，簇内用户可能不满足于当前已接收到的码流，并希望通过接收更多的码流以恢复出更高分辨率的视频画面。因此，本节将用户对视频质量的偏好程度定义为$g_\tau(x)$，且$0 \leqslant g_\tau(x) \leqslant 1$，其可以通过实际数据拟合得到。如图 5.6 所示，由于用户对视频质量的偏好程度不同，因此在簇内视频分发阶段，用户根据自身偏好有选择地接收由用户 3 组播的增强层码流，显然，此时用户 2、用户 5、用户 6 将继续接收增强层码流，而用户 4 接收到的码流已满足其对视频质量的需求，因此用户 4 不再接收其他数据。

此外，移动设备的剩余能量是进行一切通信的基础，移动设备的剩余能量不足将直接导致边缘通信无法进行。针对上述情况，本节根据设备的剩余能量选取簇内组播用户，并将所选用户记为u_w(且此时存在能量剩余值更大的用户)。在端到端通信阶段，假设用户u_w的发射功率为P_{u_w}。根据香农公式，可以得出用户之间的传输速率r_{u_w,u_x}。同理，若由信道质量好的用户决定视频的组播速率，那么可能会导致信道质量差的用户无法解码视频数据包。为避免出现上述情况，此处由信道质量最差的用户决定组播的速率，即

$$r_{\min}^{x} = \min\left\{r_{u_w,u_x}\right\}，\ x \neq \omega \text{ 且 } x \subset p_{l}^{x} \tag{5.12}$$

其中，将用户u_w与簇内其他需求用户间的组播速率记为$r_{\min}^{x}$；p_l^x为包含M_l^x个用户的协作簇。

用户u_w将接收到的增强层码流$\sum_{k\in[1,\gamma-1]} T_k$组播至簇内其他用户，传输时间为$t=\sum_{k\in[1,\gamma-1]} T_k / r_{\min}^{x}$。因此可得$u_w$发送数据所消耗的能量为

$$E_{co,s}^{(\omega)} = \frac{\sum_{k\in[1,\gamma-1]} T_k}{r_{\min}^{x}} P_{u_w,s} \tag{5.13}$$

其中，$\sum_{k\in[1,\gamma-1]} T_k$为簇内其他用户的需求码流；$r_{\min}^{x}$为用户$u_w$与簇内其他需求用户之间的最低链路速率。

此时，簇内其他用户接收视频数据所消耗的能量为

$$E_{co,r}^{(x)} = \sum_{x=1}^{M_l^x-1} \frac{T_{\mu_x} + T_{\mu_{x+1}} + \cdots + T_{\mathrm{INT}(g_\tau(x)\cdot(\gamma-1))}}{r_{\min}^{x}} \cdot P_{u_x,r} \tag{5.14}$$

其中，x 为p_l^x中除用户u_w外的其他用户；$\mathrm{INT}\left(g_\tau(x)\cdot(\gamma-1)\right)$为协作簇中各用户接收到的增强层数量。

根据簇内用户的位置分布以及设备的剩余能量情况，将簇内视频分发分为以下两种情况：

情况 1：若用户u_w的剩余能量足以将其接收到的增强层码流组播至簇内其他需求用户，即满足式(5. 15)，在此情况下，由用户u_w进行簇内组播。

$$\overline{E}_{u_w} \geqslant E_{co,s}^{(w)} \tag{5.15}$$

情况 2：若用户 u_w 的剩余能量不满足式(5.15)。通过式(5.7)计算，若 $\eta_i > 1$，即存在用户 u_i，其剩余能量及所处位置的综合情况优于 u_ω，此时 u_i 可以接收全部增强层码流且必有 $\overline{E}_{u_i} > \overline{E}_{u_w}$，在此基础上，若 u_i 剩余能量满足式(5.15)，则用户 u_i 代替 u_w 进行组播；反之，用户 u_i 根据增强层的价值依次进行组播。若 $\eta_i \leqslant 1$，即簇内不存在优于 u_w 的其他用户，此时，u_ω 按照增强层的价值依次组播，以尽可能地满足多数用户需求。如图 5.6 所示，当边缘服务器组播增强层码流时，以用户 1 的链路速率作为组播速率，此时用户 1 接收到全部码流，但当用户 1 的剩余能量不足以将簇内所需增强层码流组播至其他用户时，由式(5.7)可知，用户 3 接收到全部码流，且有 $\overline{E}_{u_3} > \overline{E}_{u_1}$，此时由用户 3 进行簇内组播。

此外，将增强层的价值定义为用户的需求程度，即通过统计簇内用户对各增强层的需求程度依次进行组播，直至用户的剩余能量不足以完成某一增强层的传输。由于增强层 T_k 的解码依赖于前 T_{k-1} 层，所以部分用户接收到增强层后不能立即解码，表明此类增强层具有潜在价值。在下一通信阶段，此时具有潜在价值的增强层可转变为具有价值的增强层，从而使得视频的播放质量得到提升。

5.3.3　簇间视频分发

由前所述，用户 u_i 偏好的增强层数量为 $\mu_{u_i} = \mathrm{INT}\left((\gamma-1)\cdot g_\tau(u_i)\right)$，而通过端到端通信可接收到的增强层量为 $\overline{\mu}_{u_i} = \mathrm{INT}\left(S_{u_x,u_i}\cdot \mu_x\right)$。因此，传输情况可以分为三种：

情况 1：若 $c_{\mathrm{D2D},u_i} \geqslant c_{u_i}$ 即 $\overline{\mu}_{u_i} \geqslant \mu_{u_i}$，用户 u_i 已完成接收；

情况 2：若 $\overline{\mu}_{u_i} < \mu_{u_i}$ 且 $t \leqslant t_D$，用户将继续接收增强层码流直至 $\overline{\mu}_{u_i} > \mu_{u_i}$；

情况 3：若 $\overline{\mu}_{u_i} < \mu_{u_i}$，且用户 u_i 仍未接收到所需码流，此时用户 u_i 直接向边缘服务器发送请求。

此外，同一虚拟社区内用户的联系比较频繁，用户间接触概率较高且持续时间较长。在文献[22]和文献[23]中，作者通过对用户的移动特性进行统计分析，表明用户间接触间隔服从帕累托(Pareto)分布，假设 T_{u_i,u_j} 为用户 u_i 与 u_j 的接触间隔，则 T_{u_i,u_j} 的累积分布函数如式(5. 16)所示：

$$\mathrm{Pr}_{u_i,u_j}^{\mathrm{CDF}}\left\{T_{u_i,u_j} > t\right\} = \left(\frac{\tau_{u_i,u_j}^{\min}}{t}\right)^{\alpha_{u_i,u_j}}, \ t \geqslant \tau_{u_i,u_j}^{\min} \tag{5.16}$$

其中，指数 $\alpha_{u_i,u_j} > 0$，$\tau_{u_i,u_j}^{\min}$ 表示 T_{u_i,u_j} 的最小值。因此，在时间 t_D 内，用户 u_i 与 u_x 至少接触一次的概率为

$$\mathrm{Pr}_{u_i,u_j}^{\mathrm{meet}}(t_\mathrm{D}) = 1 - \mathrm{Pr}_{u_i,u_j}^{\mathrm{CDF}}\left\{T_{u_i,u_j} > t_\mathrm{D}\right\} \tag{5.17}$$

此时，用户 u_x 已缓存的增强层数量为 γ_x，需要边缘服务器发送的部分为用户 u_i 期望得到的增强层数量与经过时间 t_D 传输后 u_i 实际得到的增强层数量之差，如式(5.18)所示：

$$c_{\mathrm{BS}}\left(u_i\right)=\sum_{x=1,x\neq i}^{M_l^x}\left[\sum_{p=1}^{\mu_{u_i}}T_p-\Pr_{u_i,u_x}^{\mathrm{meet}}\left(t_{\mathrm{D}}\right)\sum_{q=1}^{\bar{\mu}_{u_i}}T_q\right] \tag{5.18}$$

通过上述分析得知，边缘服务器需要直接发送至用户 u_i 的内容为 $c_{\mathrm{BS}}\left(u_i\right)$，传输时间为 $c_{\mathrm{BS}}\left(u_i\right)/R_{c,u_i}$，可得边缘服务器在该阶段传输码流的能耗如式(5.19)所示：

$$E_{\mathrm{cellular}}=\sum_{u_i\in M}\frac{c_{\mathrm{BS}}\left(u_i\right)}{R_{c,u_i}}\cdot p_{c,s} \tag{5.19}$$

因此，根据本节所构建的模型，边缘服务器的总能耗为 $E_{\mathrm{total}}=E_{\mathrm{cellular}}+E_{\mathrm{multicast}}$。利用上述建立的边缘分簇结构，簇间视频分发分为以下两种情况：

情况 1：若 $E_{\mathrm{total}}\leqslant P_{\mathrm{BS}}\cdot\left(T_0+\sum_{i=1}^{\gamma-1}T_i\right)/r_{\min}$，边缘服务器的能耗依然满足约束条件式(5.5)，此时，边缘服务器逐一为用户发送所需视频。

情况 2：若 $E_{\mathrm{total}}>P_{\mathrm{BS}}\cdot\left(T_0+\sum_{i=1}^{\gamma-1}T_i\right)/r_{\min}$，边缘服务器统计用户的请求内容及次数，并按照价值依次组播，以保证在公平性的基础上满足大多数用户的需求。

综上所述，本章在保证用户均能获得最低质量视频的基础上，提出一种以边缘服务器能耗为约束的簇内组播机制及面向用户社会属性的簇间共享机制，简称为边缘协作共享机制(edge collaboration sharing mechanism，ECSM)。在簇内通信阶段，为提高数据分发的有效性，选取簇内组播用户时综合考虑用户位置、用户需求以及移动设备的剩余能量。在簇间通信阶段，为促进用户间的协作传输，利用用户之间的传输偏好控制数据的共享，从而降低源端用户的能量消耗。因此，本章所提机制能够有效避免边缘服务器的冗余传输，并通过利用 SVC 技术，使得视频的传输更加灵活、易于控制。表 5.1 为边缘协作共享机制伪代码。

表 5.1 边缘协作共享机制

算法 1 边缘协作共享机制

初始化： 选取协作簇 p_l^x

用户容忍时延 t_D

簇内共享阶段

1：将簇内最高链路速率作为组播速率，此时用户 u_m 接收到所有增强层，而簇内其他用户根据式(5.7)接收到部分增强层

2：**if** $\mu_x\geqslant\mathrm{INT}\left(g_\tau\left(x\right)\cdot\left(\gamma-1\right)\right)$，$u_x\in p_l^x$ **then**

3：　簇内通信阶段结束

4：**else**

5：　**if** $\bar{E}_{u_m}\geqslant\left(\sum_{k\in[1,\gamma-1]}T_k/r_{\min}^x\right)\cdot P_l^x$ **or** $\eta_i<1$ **then**

6：　　用户 u_m 组播需求增强层码流至簇内其他用户

7：　**else**

8：　　用户 u_i 组播需求增强层码流至簇内其他用户

9：　**end if**

10：**end if**

11：**end**

簇间通信阶段

12：**if** $\mathrm{INT}\left(g_\tau\left(u_i\right)\cdot\left(\gamma-1\right)\right)\geqslant\mathrm{INT}\left(S_{u_x,u_i}\cdot\mu_x\right)$ **then**

续表

```
13:      用户 u_i 完成接收
14: else
15:      if t≤t_D then
16:           用户 u_i 继续接收增强层码流
17:           until INT(g_τ(u_i)·(γ−1))≥INT(S_{u_x,u_i}·μ_x)
18:      else
19:           if E_total ≤ (T_0 + Σ_{i=1}^{γ−1} T_i)/r_min · P_BS then
20:                边缘服务器将所需增强层码流分别发送至每个需求用户
21:           else
22:                根据所需增强层价值，边缘服务器进行依次组播
23:           end if
24:      end if
25: end if
26: end
```

此处对所提机制进行复杂度分析，根据虚拟社区的建立过程，通过第t次迭代形成虚拟社区的算法复杂度为$O(|C_t|)$，因此，$O\left(\sum_{t=1}^{T}|C_t|\right)$表示所有用户的算法复杂度。考虑两个极端情况，具体地，若经过一次迭代形成长度为N的闭合路径，即所有用户都在同一虚拟社区内，由此可知算法复杂度的下限为$O(N)$；反之，若形成长度为1的自循环路径，即每次迭代所形成的虚拟社区中仅包含一个用户，虚拟社区的数量为N，此时算法复杂度的上限为$O\left(\sum_{t=1}^{T}|C_t|\right)=\sum_{i=1}^{N}i=N(N+1)/2$。综上所述，本章所提机制的算法复杂度为$O(N^2)$。

5.4　端-边协同视频分发共享性能验证

5.4.1　端-边协同视频分发仿真环境

本节采用 MATLAB 仿真平台对所提机制的性能进行验证，通过利用 SVC，并以能耗为约束，将用户社会属性与视频码流特性以及移动设备能力相匹配，在簇内及簇间实现视频数据的灵活分发，从而减少边缘服务器的冗余传输。本节验证三种机制：ECSM，无用户属性机制(no user attributes mechanism，NUAM)以及无可伸缩视频编码和用户属性机制(no SVC and user attributes mechanism，NSUAM)。不失一般性地，本节使用 Infocom06 数据集，该数据集为携带小型设备(iMotes)的参会者在 4 天内形成的蓝牙接触数据轨迹，其包含 20 个静态节点，以及 78 个移动节点。基于此，本节使用 20 个静态节点表示 20 个地理位置兴趣点，78 个移动节点表示移动用户。此外，本节假设端到端的最大传输距离为 50m，边缘服务器的覆盖半径为 500m，无线传输信道的带宽为 1MHz，高斯白噪声密度为 − 174dB/Hz，边缘服务器与簇内拥有最高链路速率的用户之间的距离为$D_{\text{B-c}_x}$。此外，为了便于验证本节所提机制性能，引入视频传递率(video delivery rate，VDR)的概念，

并将其定义为接收到所需增强层的用户数量与参与视频请求的用户数量之间的比值；以及峰值信噪比(peak signal to noise ratio，PSNR)，用于图像的客观评价，是一种与原图像以及处理图像之间均方误差相关的函数。

5.4.2 端-边协同视频分发仿真结果

1. 能耗分析

本节对用户侧及边缘服务器侧能量开销的上下限进行分析，如上所述，边缘服务器的总能耗为E_{total}。若在一定的时间范围内，用户接收到所需视频，即没有额外能量开销，在此情况下，可获得边缘服务器侧能量开销下限，即式(5.20)成立。

$$\frac{T_0}{r_{\min}}\cdot P_{\text{BS}}+\sum_{x=1}^{\chi_x}\frac{\sum_{i=1}^{\gamma-1}T_i}{R_{\max}^x}\cdot P_{\text{BS}}\leqslant E_{\text{total}} \tag{5.20}$$

反之，若如5.3.3小节情况2所述，此时可获得边缘服务器侧能量开销的上限，如式(5.21)所示：

$$E_{\text{total}}\leqslant\frac{T_0+\sum_{i=1}^{\gamma-1}T_i}{r_{\min}}\cdot P_{\text{BS}}+\sum_{u'\subset N}\frac{T_{u'}}{r'_{\min}}\cdot P_{\text{BS}} \tag{5.21}$$

其中，u'为没有接收到增强层$T_{u'}$的用户，且此类用户的数量小于等于$N-\lambda$；$r'_{\min}$为此类用户的最低链路速率。

当不等式(5.20)成立时，用户的总能量消耗为

$$E_u=\frac{\sum_{k\in[1,\gamma-1]}T_k}{r_{\min}^x}\cdot P_{u_s}+\sum_{u'\in N}\frac{T_{u'}}{r_{u_s,x}}\cdot P_{u_s,x} \tag{5.22}$$

特别地，当未接收到增强层$T_{u'}$的用户数量恰好为$N-\lambda$，且$T_{u'}=T_1$时，用户能耗最低，且该值为0。这是因为在此情况下，用户之间未能进行端到端通信。

图5.7描述了用户容忍时延与卸载率之间的关系。从图中可以看出边缘服务器的卸载率随容忍时延t的增大而增大，其主要原因在于随着t的增大，用户之间的相遇机会也随之增大，从而能够充分利用用户之间的临时链路完成视频数据的传输，因此边缘服务器的卸载率呈现上升趋势。特别地，当边缘服务器与簇内用户的平均距离较短时，一段时间之后，卸载率将趋于稳定。

同时，边缘服务器的卸载率随$D_{\text{B-c}}$的增大而减小，其中$D_{\text{B-c}}$表示边缘服务器与簇内拥有最大链路速率的用户之间的距离。由香农公式可知，当其他通信条件保持不变时，距离边缘服务器越近，链路速率越大。由约束条件式(5.5)可知，协作簇的数量取决于簇内的最大链路速率，因此协作簇的数量随着$D_{\text{B-c}}$的减小而增大。此外，协作簇数量越大，短时间内接收到视频数据的用户数量越大，此时边缘服务器的卸载率越高。由图5.7可知，当$D_{\text{B-c}}=10\text{m}$时，边缘服务器的卸载率由72.34%增长至92.04%，即使在t较小的情况下，仍然能够获得较高的数据卸载率。

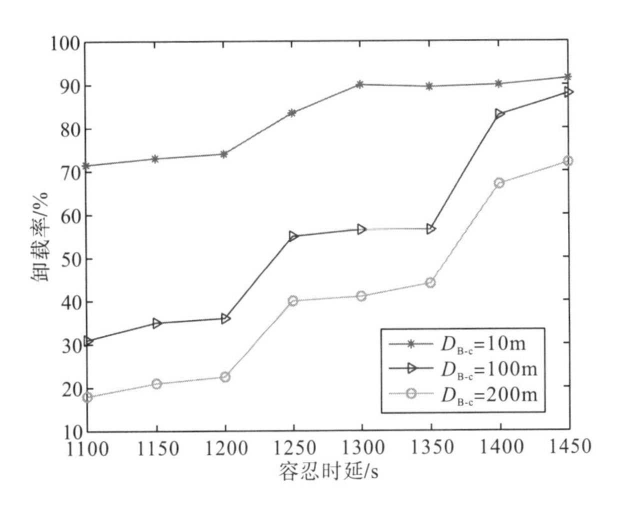

图 5.7　容忍时延与数据卸载率之间的关系

图 5.8 描述了用户数量与边缘服务器能量效率之间的关系。此时，假设边缘服务器与簇内拥有最大链路速率的用户之间的距离为 10m，用户的容忍时延为 1500s。由图可知，随着用户数量的增加，三种机制中边缘服务器的能量效率均呈上升趋势，其主要原因在于随着用户数量的增加，用户之间的协作机会增大，因此边缘服务器的能量效率呈现上升趋势。此外，本节所提 ECSM 的性能优于其他两种。具体地，在 NUAM 中，由于用户间的数据共享通常带来额外的能量开销，且用户具有个体理性，因此，部分用户不愿意通过端到端通信为其他用户提供数据服务。与 NSUAM 相比，利用 SVC 并基于用户之间的传输偏好控制本地数据的共享，不仅能够使得视频数据的传输更加灵活，而且可有效降低 UE 的能量消耗，从而促进用户之间的协作。

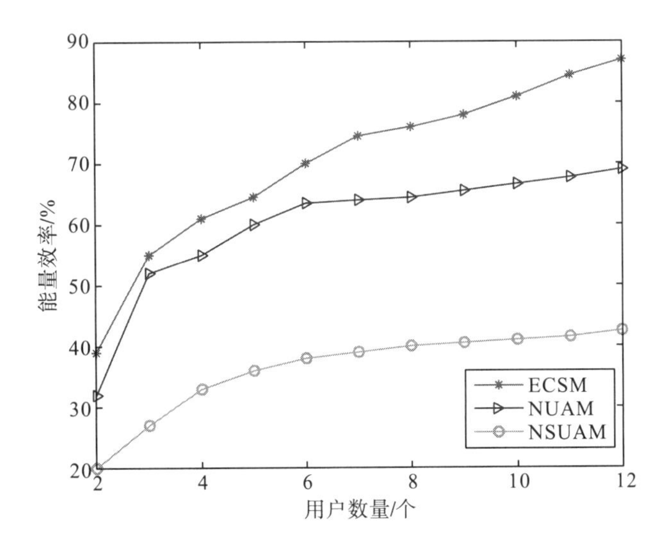

图 5.8　用户数量与能量效率之间的关系

2. 视频传输策略分析

图 5.9 描述了边缘服务器与簇内拥有最大链路速率的用户之间的距离与视频传递率之间的关系。由图可知，视频传递率随着距离的增大呈现下降趋势，其主要原因在于随着 $D_{\text{B-c}}$ 的增大，簇内最大链路速率减小，根据约束条件式(5.5)可知，协作簇数量减少，进而导致端到端成功通信的概率降低以及视频传递率下降。此外，视频的传递率随 t 的增大而增大，由图可知，当 t 取值为2000s 时，视频传递率介于[87.42%，96.77%]。主要原因在于随着容忍时延的增大，用户之间的相遇机会也随之增大，从而获得较高的视频传递率。特别地，当 t 取值为 0s 时，用户仅能接收边缘服务器组播的视频数据，由于边缘服务器采用簇内最高链路速率作为组播速率，因此大部分用户未能接收到其偏好的增强层码流，导致视频传递率较低。

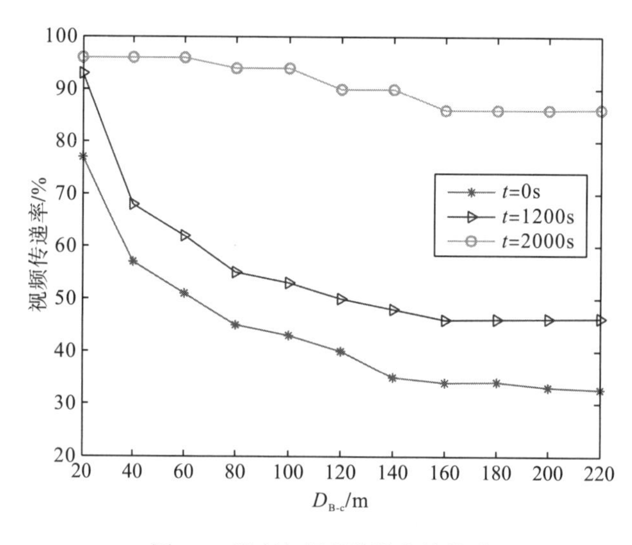

图 5.9 距离与视频传递率的关系

图 5.10 所示为用户数量与视频传递率之间的关系，本章所提 ECSM 的视频传递率随着用户数量的增大呈现先下降后上升趋势。主要原因在于当用户数量较少时，参与端到端协作的用户数量较少，根据视频传递率的定义可知，接收到偏好增强层的用户数量的增长相对于用户总数量的增长较慢时，视频的传递率呈下降趋势。随着用户数量的增加，用户之间的协作机会增大，此时能够接收到偏好增强层的用户数量增多，因此视频的传递率呈现上升趋势。然而，其他两种机制中视频传递率呈持续下降趋势，主要原因在于数据共享通常带来额外的能量开销，且移动设备资源有限，所以大多数用户不愿意参与数据的共享。与 NSUAM 相比，NUAM 的视频传递率较高，主要原因在于采用 SVC 技术后，能够根据用户间的社会关系为其他用户提供部分或全部视频数据，而非传统的不参与共享或仅能提供全部视频数据，因此可促进用户之间的协作。

图 5.11 所示为平均比特率与 PSNR 之间的关系，显然视频质量随着平均比特率的增大而呈现上升趋势，其主要原因在于随着平均比特率的增长，传输至用户的视频画面越清晰。此外，与其他两种机制相比，本章所提 ECSM 的 PSNR 较高，其原因在于所提机制

综合考虑了用户属性、移动性以及传输数据量等因素，从而使得端到端链路具有较强的稳定性，最终提升了用户的体验质量。

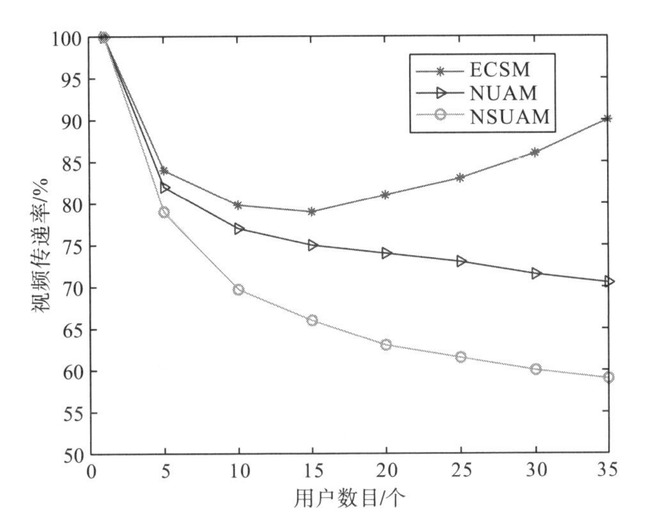

图 5.10　用户数量与视频传递率之间的关系

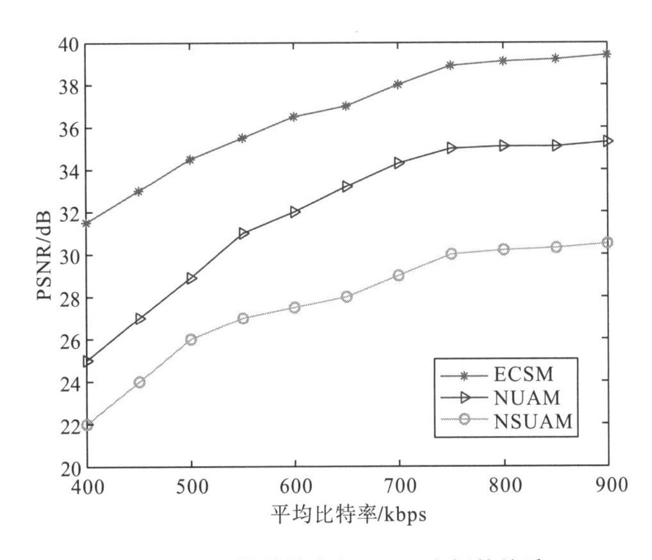

图 5.11　平均比特率与 PSNR 之间的关系

5.5 本章小结

为促进用户间协作，避免边缘服务器的冗余传输，本章提出了一种由用户属性控制且基于 SVC 的视频分发策略。通过提取用户的社会特征及移动性将部分核心网络功能转移到网络边缘，从而利用边缘用户之间建立的临时链路代替边缘服务器与用户之间的无线传输链路完成视频数据的传输。此外，本章以能耗为约束，通过将用户属性与 SVC 技术相结合，利用用户之间的传输偏好控制数据的共享，以促进用户间的协作。与传统机制相比，本章所提机制能够有效缓解边缘服务器负担，并且能够显著提高视频分发的可靠性和灵活性。

参 考 文 献

[1] Seppälä J，Koskela T，Chen T，et al. Network controlled device-to-device（D2D）and cluster multicast concept for LTE and LTE-A networks[C]//2011 IEEE Wireless Communications and Networks Conference（WCNC）. Cancun：IEEE，2011：986-991.

[2] Zhang Y，Li F M，Ma X L，et al. Cooperative energy-efficient content dissemination using coalition formation game over device-todevice communications[J]. Canadian Journal of Electrical and Computer Engineering，2016，39(1)：2-10.

[3] 周斌，胡宏林. 提高蜂窝网络中数据分发效率的 D2D 协作转发算法[J]. 电子与信息学报，2012，34(3)：704-709.

[4] Lin C，Shen W L，Hsu C，et al. Quality-differentiated video multicast in multirate wireless networks[J]. IEEE Transactions on Mobile Computing，2013，12(1)：21-34.

[5] Golrezaei N，Molisch A，Dimakis A，et al. Femtocaching and device-to-device collaboration：A new architecture for wireless video distribution[J]. IEEE Communications Magazines，2013，51(4)：142-149.

[6] Cao Y，Jiang T，Chen X，et al. Social-aware video multicast based on device-to-device communications[J]. IEEE Transactions on Mobile Computing，2016，15(6)：1528-1539.

[7] Chen X，Proulx B，Gong X W，et al. Exploiting social ties for cooperative D2D communications：A mobile social networking case[J]. IEEE/ACM Transactions on Network， 2015，23(5)：1471-1484.

[8] Wu D，Zhou L，Cai Y M. Social-aware rate based content sharing mode selection for D2D content sharing scenarios[J]. IEEE Transactions on Multimedia，2017，19(11)：2571-2582.

[9] Li H X，Wu C，Li Z P，et al. Stochastic optimal multirate multicast in socially selfish wireless networks[C]//2012 IEEE Conference on Computer Communications（INFOCOM）. Orlando：IEEE，2012：172-180.

[10] Abbas N，Zhang Y，Taherkordi A，et al. Mobile edge computing：A survey[J]. IEEE Internet of Things Journal，2018，5(1)：450-465.

[11] Fang Q，Sang J T，Xu C S，et al. Relational user attribute inference in social media[J]. IEEE Transaction on Multimedia，2015，17(7)：1031-1044.

[12] Wang F，Li Y，Wang Z C，etal. Social-community-aware resource allocation for D2D communications underlaying cellular networks[J]. IEEE Transactions on Vehicular Technology，2015，65(5)：3628-3640.

[13] Schwarz H，Marpe D，Wiegand T. Overview of the scalable video coding extension of the H. 264/AVC standard[J]. IEEE Transactions on Circuits and Systems for Video Technology，2007，17(9)：1103-1120.

[14] Yao R X，Liu Y W，Liu J X，et al. Utility-based H. 264/SVC video streaming over multi-channel cognitive radio networks[J]. IEEE Transactions on Multimedia，2015，17(3)：434-449.

[15] Zhao G S，Qian X M，Xie X. User-service rating prediction by exploring social users rating behaviors[J]. IEEE Transactions on Multimedia，2016，18(3)：496-506.

[16] Fan H M，Zhang T k，Loo J，et al. Caching deployment algorithm based on user preference in device-to-device networks[C]//2017 IEEE Global Communications Conference（GLOBECOM）. Singapore：IEEE，2017：1-6.

[17] Zhang X F，Dai D Q. A Framework for incorporating functional interrelationships into protein function prediction algorithms[J]. IEEE/ACM Transactions on Computational Biology and Bioinformatics，2012，9(3)：740-753.

[18] Cho E，Myers S，Leskovec J. Friendship and mobility：user movement in location-based social networks[C]//2011 ACM SIGKDD International Conference on Knowledge Discovery and Data Mining. San Diego：ACM，2011：1082-1090.

[19] Perrucci G，Fitzek F，Sasso G，et al. On the impact of 2G and 3G network usage for mobile phones' battery life[C]//2009 European Wireless Conference. Aalborg：IEEE，2009：255-259.

[20] Jiang Z F，Mao S W. Energy delay trade-off in cloud offloading for multi-core mobile devices[C]//2015 IEEE Global Communications Conference (GLOBECOM). San Diego：IEEE，2015：1-6.

[21] Hua S，Guo Y，Liu Y，et al. Scalable video multicast in hybrid 3G/Ad-hoc networks[J]. IEEE Transactions on Multimedia，2011，13(2)：402-413.

[22] Lin Y，Hsu Y. Multihop cellular：A new architecture for wireless communications[C]//2000 IEEE Conference on Computer Communications (INFOCOM). Tel Aviv：IEEE，2000：1273-1282.

[23] Karagiannis T，Boudec Y L，Vojnović M. Power law and exponential decay of intercontact times between mobile devices[J]. IEEE Transactions on Mobile Computing，2010，9(10)：1377-1390.

第6章　带有弹性编码的边缘视频缓存技术

边缘缓存技术通过在最靠近用户的位置部署边缘缓存服务器为用户提供缓存服务[1]。边缘缓存服务器可以部署在小基站、皮基站等小型基站内，也可以部署于无线接入点内，这种灵活的部署方式为用户接入网络边缘缓存服务器提供技术支持[2]。在网络空闲期，系统将流行内容通过缓存预取的方式缓存在边缘缓存服务器内，供用户在网络高峰期内请求，这样不仅可以避免相同内容在回传链路上重复分发，也可以降低用户请求视频内容的系统时延和能耗，提高网络的资源利用率，降低网络负载。边缘缓存技术主要面临两个方面的问题：缓存放置问题和缓存分发问题。前者需要解决哪些流行内容应该被缓存在边缘缓存服务器中，后者则需要解决如何调度无线资源将流行内容分发给终端设备。而可伸缩性视频编码技术是一种可以将视频流分割为多个分辨率和质量等级的技术。该技术使得视频流在时域、空域或质量域上表现出可伸缩性，本章主要关注视频在质量域上的可伸缩性。

6.1　边缘视频缓存技术研究现状及主要挑战

6.1.1　边缘缓存研究现状

边缘缓存大体上分为两种，即SBS缓存和终端设备缓存。它们的共同点都是将一些流行的内容(视频、文件等)预先存储在网络边缘靠近用户的节点中(例如小基站)，当用户请求已被缓存的流行内容时，内容就可以从离用户最近的节点分发给用户。这样不仅可以避免相同内容在回传链路上重复分发，也可以降低用户请求视频内容的系统时延和系统能耗，提高网络的资源利用率，降低网络的负载。对于边缘缓存，现有的研究主要集中于缓存放置问题和缓存分发问题。本节从这两个方面简要介绍边缘缓存技术的研究现状。

1. 能量效率

能量效率(energy efficient，EE)是通信系统的主要性能指标之一。文献[3]提出了一个集缓存、转码和回程检索于一体的整体解决方案，转码技术进一步提高了视频内容传输的灵活性，可以有效地提高能量效率。文献[4]提出了两种异构网络中节能型缓存方案，即基于SVC的概率缓存模型和基于SVC的随机缓存方案，可以为用户分发不同质量等级的视频内容，推导了成功传输概率和遍历服务速率表达式，优化了视频缓存的能量效率。视频内容分发的能量消耗取决于网络负载、视频质量和带宽等因素，可以通过启发式算法进行优化。文献[5]提出了一种最佳视频比特率选择算法，确保视频的高质量分发以及降低视频分发的能耗。文献[6]同时优化缓存的 QoE 和能量效率，提出公平性原则，将优化目标作为博弈对象。文献[7]对融合网络和非融合网络中静态和动态流量下的节能视频点播内容缓存和分发进行了评估，提出了一种高能效的内容缓存和视频点播请求路由启发式算法，借助网络功能虚拟化优化系统的能效和延迟。为了有效降低能耗，文献[8]借助网络功能虚拟化优化系统的能效和延迟，基于李雅普诺夫优化提出一种交替资源优化算法，在能源效率和延迟之间获得了权衡。基于极大距离可分码，通过设计编码包的缓存策略，最大限度地降低了总能耗以提高 EE。

2. 缓存命中率

缓存命中率指的是用户的请求能够被缓存服务器满足的次数占用户总请求数的比例，是边缘缓存的主要性能指标之一，缓存命中率越高意味着缓存服务器能够满足更多用户的请求。最常使用的一种缓存放置方法是缓存流行度最高的内容。文献[9]提出了一种基于群体行为和预测流行度的协作缓存策略，利用自回归综合移动平均模型预测每个用户组中每个内容类别的受欢迎程度，采用启发式算法求解缓存内容的放置问题。文献[10]提出了一种基于单个用户内容偏好预测的蜂窝网中无人机位置部署及缓存内容部署方案，根据历史信息预测用户偏好，基于线性回归的方法来预测用户未来发起内容请求时的位置和时间；根据不断预测的地理位置、请求时间和内容偏好，有效提高缓存命中率和时延性能。文献[11]针对用户对内容的偏好信息随时间推移而变化的问题，使用具有沃尔班汀格(Wolpertinger)架构的深度强化学习框架来研究内容缓存。

3. 缓存经济

内容提供商(content provider，CP)将内容缓存在边缘缓存服务器中会消耗缓存资源，因此，需要设计合适的内容缓存策略以增大缓存收益。缓存经济是借鉴经济学的思想，设计激励机制来激励缓存网络中的设备积极参与缓存，同时可以带来良好的商业前景。文献[12]设计了一种高效的边缘缓存激励机制，提出了一种基于 Stackelberg 博弈的交替方向乘子法，解决了大规模的边缘缓存问题，减少了回传资源的浪费。文献[13]提出了一种适用于内容分发网络(content delivery network，CDN)的博弈广义粒子场模型置换方法，将 Web 服务器和代理服务器上的缓存资源分配问题，映射为两个对偶力场中粒子的运动，再由粒子的稳定状态反映射为 Web 代理服务器缓存资源分配问题的解。通过 Web 服务器的优化缓存策略和代理服务器的价格策略实现博弈。

文献[14]～文献[16]提出了一种数据赞助和边缘缓存相结合的缓存方案，CP 允许内容生产商向视频中添加具有附加价值的广告，并免除一部分用户的数据流量费用，从而达到盈利。文献[17]和文献[18]将网络构建成一个三层的系统，用博弈的方法求解得到最佳网络参与者。

4. 结合端到端通信技术

端到端通信技术的主要思想是终端设备直接通信进行数据的传输，结合端到端通信技术的边缘缓存广泛受到工业界和学术界的关注。文献[19]提出了一种基于传输时延的缓存策略，运用随机几何理论，将请求用户和空闲用户的动态分布建模为相互独立的齐次泊松点过程，综合考虑内容流行度、用户位置信息、设备传输功率以及干扰，推导出用户的平均传输时延与缓存概率分布的关系式。

文献[20]提出了一种端到端通信辅助的移动网络缓存框架，考虑用户的社交行为和移动用户的内容偏好，通过对异构网络拓扑的分析，设计了一种降低系统成本和增大系统内网络容量的算法。文献[21]研究了一个具有全双工中继的异构网络中端到端通信的联合最佳缓存资源分配和概率缓存设计，通过端到端通信和无线电中继协作的方式为用户提供内容，最大化边缘缓存网络的网络吞吐量。

5. 自适应视频流

近年来，动态自适应视频流(dynamic adaptive streaming over HTTP，DASH)作为一种新的网络视频流技术被应用于边缘缓存中，这种技术的主要思想是将源视频分成短的视频片段，每个片段又被编码成多个不同的比特率，系统可以根据实时的信道条件为用户选择合适的比特率版本，带来的好处是可以尽量避免信道条件波动带来的视频播放卡顿。QoE 与许多因素相关，比如视频本身的比特率、视频播放前的起始延迟、视频播放过程中出现卡顿的概率、次数和时长等[22,23]。但是通常为了简化讨论，体现视频比特率多样性对缓存系统的影响，一般假设用户 QoE 只与其收到的视频比特率有关[24]。文献[25]将端到端通信与边缘缓存相结合应用于自适应视频流的缓存和分发，分析了端到端通信和边缘缓存结合如何影响用户的 QoE，并提出了一个协作缓存和视频分发的框架，该框架支持 MEC 网络中的自适应视频流。由于无线信道条件的时变性，必须有效地处理 DASH 上用于动态自适应视频流的视频缓存，以缓解回传链路上的高带宽需求，并提高用户的 QoE[26]。用户期望接收到的视频流具有高质量版本，对于视频分发，DASH 标准是 CP 常用的方法之一。边缘缓存对减少 DASH 标准下的视频分发时延很有帮助[27]。

文献[28]提出了一种无线边缘网络面向 VR 视频的任务卸载与资源管理方案，综合考虑了缓存、计算和频谱资源，最大限度地减少了内容交付时延和保证用户的 QoE。文献[29]提出了一种缓存感知的自适应比特率方法，考虑缓存信息包括视频块的缓存命中率历史记录，并尽可能选择存储在缓存服务器中的视频块来提高缓存的利用率。360°全景视频近几年来得到了蓬勃发展，并引起了广泛关注，该类视频常常有较大的比特量，因此需要极高的带宽和帧速率才能获得良好的沉浸式体验。文献[30]提出了一种 360°全景视频的缓存算法，设计了一个分片转码、缓存放置和缓存分发的框架，最大限度地减少了视频服务的成本。

文献[31]基于 HTTP 的 DASH 码率自适应算法，提出了一种 DASH 标准的基于缓存补偿的码率切换算法。根据最近下载分片的下载速率分析带宽波动程度并得到预估带宽，再依据预估带宽和当前码率等级在缓存区设置动态上切阈值和动态下切阈值。在动态网络环境中有效提高带宽利用，保证切换平滑且稳定。文献[32]通过结合边缘缓存技术和联合传输技术来提高无线边缘网络中无线视频流的吞吐量，提出了一种用户 QoE 感知的联合缓存分发方案，将优化问题转化为马尔可夫决策过程，基于边缘智能的学习算法实现视频流的自主内容缓存和频谱分配。文献[33]和文献[34]设计了一个在边缘计算网络中，支持自适应比特率视频流的联合协作缓存和处理框架，提出了一种启发式自适应比特率感知的主动缓存放置算法，以及一种在线的低复杂度视频请求调度算法。

6.1.2　边缘缓存主要挑战

移动边缘视频缓存需要解决两个主要的问题，即哪些视频应该缓存在边缘缓存服务器中和这些视频应该如何分发给终端设备。前者需要确定视频的缓存策略，后者需要确定视频的分发策略。

对于前者，通过制定合理的缓存放置和更新策略，将流行内容放置在网络边缘，拉近内容放置位置与终端设备的距离，极大地降低了内容交付时延，减少了网络的能量消耗，减轻了回传链路的压力。由于缓存资源有限，在选择缓存内容时要多方面考虑视频大小、缓存收益、视频质量等级等因素。

对于后者，具体涉及视频分发时的网络资源分配问题，由于通信资源的限制，应考虑如何设计传输功率、带宽等网络资源的分配策略，以满足视频业务的多样化需求，使得系统的时延、能耗或能量效率达到最优。具体可以从以下三点对移动边缘视频缓存的挑战进行总结。

(1) 视频质量差异化。具体来说，不同的用户可能会根据无线链路的质量和用户的偏好享受相同视频的不同质量。这就引出了一个事实，没有必要消耗巨大的无线资源来向每个用户发送高质量的视频，并且可能会违反用户的延迟约束。

(2) 用户移动时变性。用户的移动性会改变用户与基站的距离，进而导致信道条件波动，对视频分发造成一定的影响，严重时甚至可能导致用户视频播放卡顿。边缘缓存服务器部署于 SBS 中，不能获取整个网络的状态信息，边缘缓存服务器和 SBS 都不能根据网络的实时状态调整网络资源去完成视频的分发。

(3) 缓存资源高效配置。边缘缓存显著减轻了回传链路的压力，但是使用缓存的同时也带来了新的挑战，与整体用户需求相比，每个节点的缓存容量非常有限，缓存放置和缓存更新策略的设计，对视频缓存至关重要。并且有限的传输带宽与大量的用户需求，使得同一时刻视频请求下的传输链路资源较为紧张。

针对上述问题，本章考虑视频内容存在的质量差异以及视频的传输失败将导致视频重新传输带来的资源浪费问题，设计一种基于遗传算法的视频缓存算法，模拟自然界生物进化过程，通过迭代找到优化问题的次优解。

6.2 边缘视频缓存网络模型

本节从视频流质量的角度出发，为保证即使当用户信道状态极差时也可以避免播放中断，基于 SVC 技术以视频质量层为单位进行细粒度缓存，结合 SVC 与边缘缓存的优势，设计一种随机部署的 SBS 联合传输网络模型，依据用户与 SBS 之间信道条件的时变性，将视频内容按不同质量等级缓存。

6.2.1 边缘缓存网络模型

本节考虑一个支持边缘缓存的蜂窝网络，如图 6.1 所示。SBS 的位置在空间上服从密度为 λ 的泊松点过程(homogeneous poisson point process，HPPP)。根据斯利夫尼亚克(Slivnyak)定理，在二维 HPPP 中观测到的统计学特征与观测位置无关。因此，本节通过研究位于原点 $(0,0)\in\mathbb{R}^2$ 的典型用户的性能，来获得对于整个网络区域的典型用户性能的统计学特征。本节考虑路径损耗和瑞利衰落，路径损耗按标准距离依赖幂律衰减建模，即 $r^{-\alpha}$，其中，$\alpha(\alpha>2)$表示路径损耗指数，r 表示 SBS 到典型用户的距离。在传输视频内容时，由离用户最近的 $K(K\in N^*)$ 个 SBS 向用户联合传输视频内容。

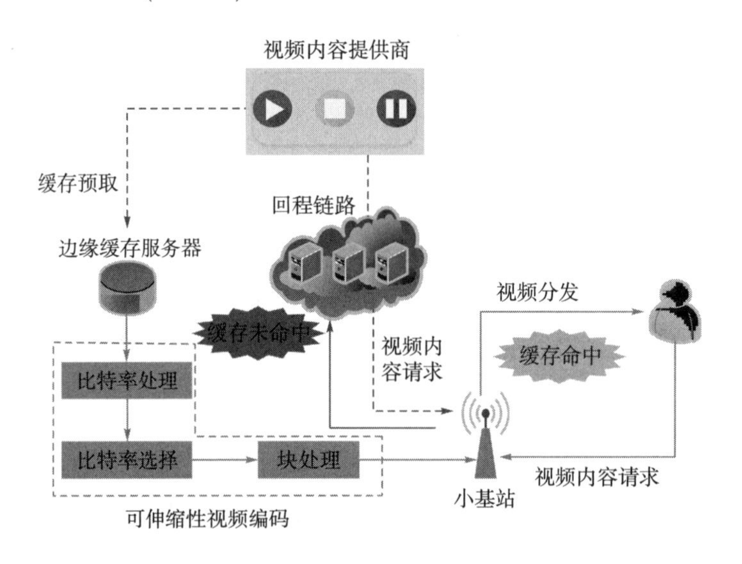

图 6.1 网络模型

图 6.2 展示了两种类型的用户：一般用户(general user，GU)和最差情况用户(worst-case user，WU)。将位于小区内部的用户称为 GU。除此之外，为了研究小区边缘用户的性能，本节还考虑了另一类用户，称为 WU，该类用户位于三个小区的顶点。在传输视频内容时，由离用户最近的 K 个基站向用户联合传输(joint transmission，JT)视频内容，$K\in\mathbf{N}^+$。本节在考虑最坏情况用户时将联合传输协作集内 SBS 的个数限制在 $K\in\{1,2,3\}$。该类用户

离自己最近的三个 SBS 的距离是相等的，假设该类用户离自己最近的三个 SBS 的距离为 χ。对于两类用户，令 Φ_K 表示离用户最近的 K 个基站组成的集合。

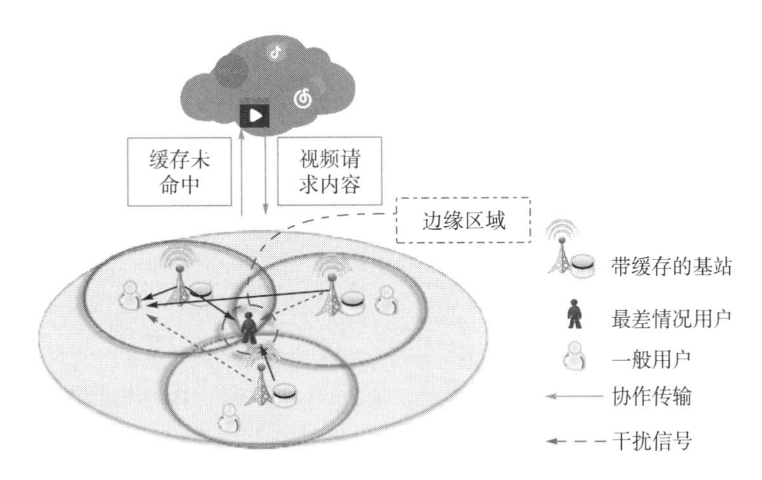

图 6.2　一般用户和最差情况用户

6.2.2　视频缓存模型

令集合 $L=\{1,2,\cdots,l\}$ 表示包含 L 个视频的视频库，令集合 $V=\{1,2,\cdots,v\}$ 表示视频所有的质量等级。本节使用 SVC 技术对缓存在边缘缓存服务器中的视频进行编码。将视频 $l\in L$ 编码成 V 个视频质量层。视频的每个质量等级都对应一个等级的码率(bit rate，BR)，认为同一质量等级的不同视频的码率都是相等的，即 $\mathrm{BR}_{l_1,v_1}\equiv\mathrm{BR}_{l_2,v_2}$，$l_1\neq l_2\in\mathbf{N}$，$v_1=v_2\in L$。根据 SVC 技术的原理，第 $v\in V$ 层视频成功解码的前提是第 $1,\cdots,v$ 层视频都能解码成功，需要注意的是，第 1 层视频的解码不依赖于其余任何编码层是否能够解码成功。为了便于表达，将视频 $l\in L$ 的第 $1,\cdots,v$ 层视频编码层称为视频 $l\in L$ 的第 $1,\cdots,v$ 层质量版本。将视频 $l\in L$ 的第 $1,\cdots,v$ 层视频编码的大小表示为 $f_{l,v}$(单位是比特)。基于 SVC 编码的视频 $l\in L$ 的第 $v\in V$ 层质量等级的大小表示为 $F_{l,v}=\sum_{\beta=1}^{v}f_{l,\beta}$。而且对于同一视频 $l\in L$，有 $F_{l,i}<F_{l,j},i<j$。令 $T_{n,l}$ 表示质量等级为 $v\in V$ 的视频 $l\in L$ 的长度，视频大小、视频长度和视频码率的关系如下：

$$F_{l,v}=T_l\cdot\mathrm{BR}_{l,v},\forall l\in L,\forall v\in V \tag{6.1}$$

在每一个 SBS 中部署一个缓存服务器，在缓存服务器中部署流行视频，可以直接由 SBS 满足用户的视频请求，流行视频不需要经过回传链路由云服务器分发给用户，可以减少回传链路上的负载。当典型用户请求流行视频时，如果流行内容被存储在缓存服务器中，则由 $K(K\in\mathbf{N}^*)$ 个距离典型用户最近的 SBS 通过联合传输的方式分发给典型用户，其中 $\mathbf{N}^*$ 表示正整数的集合。如果流行内容未被存储在缓存服务器中，则流行视频由云服务器经回传链路和离用户最近的 SBS 分发给用户。令 $\gamma_{l,v}\in\{0,1\}$(缓存二进制变量)表示质量等级为 $v\in V$ 的视频 $l\in L$ 是否被存储在缓存服务器中，当 $\gamma_{l,v}=1$ 时表示质量等级为$v \in V$的视频$l \in L$被存储在缓存服务器中，反之，当$\gamma_{l,v}=0$时表示质量等级为$v \in V$的视频$l \in L$未被存储在缓存服务器中。在 SBS 中部署的缓存服务器的缓存容量是有限的，大小为M，所有流行视频不能都被存储在缓存服务器中，缓存容量的约束条件表示如下：

$$\sum_{l \in L} \sum_{v \in V} \gamma_{l,v} \cdot F_{l,v} \leqslant M \tag{6.2}$$

将所有视频内容按流行度的降序排序，按照这样的顺序，更受欢迎的视频与较小的文件索引相关。假设视频流行度是先验的，齐普夫(Zipf)分布是用户请求的一种常见分布。根据这个分布，流行视频的请求概率如下所示：

$$a_l = \frac{l^{-\sigma}}{\sum_{v}^{L} v^{-\sigma}}, \quad l = 1, 2, \cdots, L \tag{6.3}$$

其中，σ为 Zipf 分布的参数即流行度因子，通常σ值越大，表示用户对流行视频的请求越集中。本节考虑一个简单的用户对同一视频不同质量等级的偏好模型，即认为用户对不同质量等级的偏好程度是一样的。即

$$b_{l,v} = \frac{1}{V}, v = 1, 2, \cdots, V, \forall l \in L \tag{6.4}$$

6.3 边缘视频缓存优化方法

6.3.1 成功传输概率估计

1. 成功传输概率

本节将视频成功传输定义为在K个 SBS 联合传输下使用W带宽在时间间隔t内传输的比特量大于等于S。使用$\varPhi_K$中的K个基站联合传输视频内容时的成功传输概率表示如下：

$$\mathrm{STP} = P\left\{tW\log_2\left(1+\mathrm{SIR}\right) > S \mid K\right\} \tag{6.5}$$

其中，SIR 为用户的信干比(signal to interfere ratio，SIR)。由式(6.5)可以看出 STP 是关于 SIR 的函数，因为本节忽略了信道的背景噪声。本节将时间帧分成多个时隙，每个时隙的持续时间为τ，每个时隙的信道条件不变化，即在一个时隙的持续时间内，用户的信息速率保持恒定。下面将分别分析缓存未命中和缓存命中时的视频成功传输概率。

1)缓存未命中的成功传输概率

当缓存未命中时，视频由远程服务器经回传链路和离用户最近的 SBS 分发给用户。传输时间分为两部分，包括回传链路上的传输时间和无线链路上的传输时间。由式(6.5)的定义，缓存未命中时两类用户请求质量等级为v的视频l的成功传输概率可以表示为

$$\mathrm{STP}_{l,v}^{z,\mathrm{nocache}} = P\left\{\left(1-\rho_{bh}\right)\tau W\log_2\left(1+\mathrm{SIR}\right) > \tau\cdot\mathrm{BR}_{l,v} \mid K\right\}, z\in\left\{\mathrm{GU},\mathrm{WU}\right\} \tag{6.6}$$

其中，ρ_{bh} 为视频在回传链路上的传输时间占一个时隙长度的比例。

2) 缓存命中的成功传输概率

当缓存命中时，视频传输不需要经过回传链路，直接由联合传输的多个 SBS 经无线链路分发给用户。同理，由式(6.5)的定义，缓存命中时两类用户请求质量等级为 v 的视频 l 的成功传输概率可以表示为

$$\mathrm{STP}_{l,v}^{z,\mathrm{cache}} = P\left\{\tau W\log_2\left(1+\mathrm{SIR}\right) > \tau\cdot\mathrm{BR}_{l,v} \mid K\right\}, z\in\left\{\mathrm{GU},\mathrm{WU}\right\} \tag{6.7}$$

为了更清晰地表示信干比对视频成功传输概率的影响，本节将式(6.6)和式(6.7)改写为

$$\mathrm{STP}_{l,v}^{z,\mathrm{nocache}} = P\left\{\mathrm{SIR} > \theta_{l,v}^{z,\mathrm{nocache}}\right\}, z\left\{\mathrm{GU},\mathrm{WU}\right\} \tag{6.8}$$

$$\mathrm{STP}_{l,v}^{z,\mathrm{cache}} = P\left\{\mathrm{SIR} > \theta_{l,v}^{z,\mathrm{cache}} \mid K\right\}, z\in\left\{\mathrm{GU},\mathrm{WU}\right\} \tag{6.9}$$

其中，$\theta_{l,v}^{z,\mathrm{nocache}} = 2^{\mathrm{BR}_{l,v}/(1-\rho_{bh})W} - 1$ 和 $\theta_{l,v}^{z,\mathrm{cache}} = 2^{\mathrm{BR}_{l,v}/W} - 1$ 分别为质量等级为 v 的视频 l 缓存未命中和缓存命中时成功传输的信干比阈值。

2. 成功传输概率估计

接下来将分别推导一般用户与最差情况用户缓存未命中和缓存命中时的成功传输概率。

定理 6.1　当缓存未命中时，一般用户请求质量等级为 v 的视频 l 的成功传输概率为

$$\mathrm{STP}_{l,v}^{\mathrm{GU},\mathrm{nocache}} = 1/{}_2F_1\left(-\frac{2}{\alpha},1;1-\frac{2}{\alpha},-\theta_{l,v}^{\mathrm{GU},\mathrm{nocache}}\right) \tag{6.10}$$

其中，${}_2F_1(\cdot)$ 为高斯超几何函数。

证明：当缓存未命中时，质量等级为 v 的视频 l 由远程服务器经回程链路和离用户最近的一个 SBS 分发给用户，令 m 表示离典型用户最近的 SBS。

假设各个基站向用户发送符号，则用户收到的信号为

$$y_1 = \sqrt{P}\cdot h_m\cdot r_m^{-\alpha/2}\cdot t + \sum_{b_i\in\Phi\setminus\{m\}}\sqrt{P}\cdot h_i\cdot r_i^{-\alpha/2}\cdot t \tag{6.11}$$

则用户的信干比可以表示为

$$\mathrm{SIR} = \frac{P\cdot\left|h_m\right|^2\cdot r_m^{-\alpha}}{\sum_{b_i\in\Phi\setminus\{m\}} P\cdot\left|h_i\right|^2\cdot r_i^{-\alpha}} = \frac{X_1}{I_1} \tag{6.12}$$

根据式(6. 5)的成功传输概率定义，令 $\theta_{l,v}^{\mathrm{nocache}} = 2^{\mathrm{BR}_{l,v}/(1-\rho_{bh})W} - 1$，可以得到

$$\begin{aligned}\mathrm{STP}_{l,v}^{\mathrm{GU},\mathrm{nocache}} &= P\left\{\mathrm{SIR} > 2^{R_{l,v}^{\mathrm{GU},\mathrm{nocache}}/W} - 1\right\} \\ &= \int_0^\infty f(r)\cdot P\left\{\mathrm{SIR} > \theta_{l,v}^{\mathrm{GU},\mathrm{nocache}} \mid r=x\right\}\mathrm{d}x\end{aligned} \tag{6.13}$$

其中，$P\left\{\mathrm{SIR} > \theta_{l,v}^{\mathrm{GU},\mathrm{nocache}} \mid r=x\right\}$ 为在条件 $r=x$ 下的条件概率；$f(r)$ 为离用户最近的 SBS 与用户之间距离的概率密度函数。

$$
\begin{aligned}
P\left\{\text{SIR} > \theta_{l,v}^{\text{GU,nocache}} \mid r = x\right\} &= P\left\{\frac{P\cdot\left|h_m\right|^2\cdot r_m^{-\alpha}}{I_1} > \theta_{l,v}^{\text{GU,nocache}} \mid r = x\right\} \\
&= P\left\{\left|h_m\right|^2 > \theta_{l,v}^{\text{GU,nocache}}\cdot I_1\cdot P^{-1}\cdot x^{\alpha} \mid r = x\right\} \\
&\overset{(a)}{=} E_{I_1}\left[\exp\left(-\theta_{l,v}^{\text{GU,nocache}}\cdot I_1\cdot P^{-1}\cdot x^{\alpha}\right)\right] \\
&= L_{I_1}\left(\theta_{l,v}^{\text{GU,nocache}}\cdot P^{-1}\cdot x^{\alpha}\right)
\end{aligned}
\tag{6.14}
$$

其中，步骤(a)是根据$\left|h_m\right|^2 \sim \exp(1)$而来，$L_{I_1}\left(\theta_{l,v}^{\text{GU,nocache}}\cdot P^{-1}\cdot x^{\alpha}\right)$表示来自集合$\varPhi\setminus\{m\}$中SBS干扰的拉普拉斯变换，其中$\xi_{l,v}^{\text{GU,nocache}} = \theta_{l,v}^{\text{GU,nocache}}\cdot P^{-1}\cdot x^{\alpha}$。

$$
\begin{aligned}
L_{I_1}\left(\zeta_{l,v}^{\text{GU,nocache}}\right) &= E_{I_1}\left[\exp\left(-\sum_{b_i\in\varPhi\setminus\{m\}}\zeta_{l,v}^{\text{GU,nocache}}\cdot P\cdot\left|h_i\right|^2\cdot r_i^{-\alpha}\right)\right] \\
&= E_{\varPhi,\left|h_i\right|^2}\left[\prod_{b_i\in\varPhi\setminus\{m\}}\exp\left(-\zeta_{l,v}^{\text{GU,nocache}}\cdot P\cdot\left|h_i\right|^2\cdot r_i^{-\alpha}\right)\right] \\
&= E_{\varPhi}\left[\prod_{b_i\in\varPhi\setminus\{m\}}E_{\left|h_i\right|^2}\left[\exp\left(-\zeta_{l,v}^{\text{GU,nocache}}\cdot P\cdot\left|h_i\right|^2\cdot r_i^{-\alpha}\right)\right]\right] \\
&\overset{(b)}{=} E_{\varPhi}\left[\prod_{b_i\in\varPhi\setminus\{m\}}\frac{1}{1+\zeta_{l,v}^{\text{GU,nocache}}\cdot P\cdot r_i^{-\alpha}}\right] \\
&\overset{(c)}{=} \exp\left(-2\pi\cdot\lambda\int_x^{\infty}\frac{\zeta_{l,v}^{\text{GU,nocache}}\cdot P\cdot\psi^{-\alpha}}{1+\zeta_{l,v}^{\text{GU,nocache}}\cdot P\cdot\psi^{-\alpha}}\psi\,\mathrm{d}\psi\right) \\
&= \exp\left(-\pi\cdot\lambda\cdot x^2\left({}_2F_1\left(-\frac{2}{\alpha},1;1-\frac{2}{\alpha},-\frac{\zeta_{l,v}^{\text{GU,nocache}}\cdot P}{x^{\alpha}}\right)-1\right)\right)
\end{aligned}
\tag{6.15}
$$

其中，步骤(b)是根据$\left|h_{i,j}\right|^2 \sim \exp(1)$而来，步骤(c)是根据齐次泊松点过程的概率生成泛函定义而来。离用户最近的SBS与用户之间距离的概率密度函数为

$$
R_{m,n}^{t} = w\log_2\left(1+\frac{p_m g_{m,n}^{t}}{n_0+p_{\text{Interf}}}\right) \tag{6.16}
$$

根据式(6.13)，质量等级为v的视频l的成功传输概率可以写为

$$
\text{STP}_{l,v}^{\text{GU,nocache}} = \int_0^{\infty}2\pi\cdot\lambda\cdot x\cdot\exp\left(-\pi\cdot\lambda\cdot x^2\cdot{}_2F_1\left(-\frac{2}{\alpha},1;1-\frac{2}{\alpha},-\frac{\zeta_{l,v}^{\text{GU,nocache}}\cdot P}{x^{\alpha}}\right)\right)\mathrm{d}x \tag{6.17}
$$

通过变量替换，将上式化简如下：

$$
\text{STP}_{l,v}^{\text{GU,nocache}} = 1/{}_2F_1\left(-\frac{2}{\alpha},1;1-\frac{2}{\alpha},-\theta_{l,v}^{\text{GU,nocache}}\right) \tag{6.18}
$$

得证。

定理 6.2 当缓存命中时，一般用户请求质量等级为v的视频l的成功传输率为

$$\mathrm{STP}_{l,v,K}^{\mathrm{GU,cache}}=\begin{cases}1/{}_2F_1\left(-\dfrac{2}{\alpha},1;1-\dfrac{2}{\alpha},-\theta_{l,v}^{\mathrm{GU,cache}}\right), & K=1\\ \displaystyle\int_0^1\cdots\int_0^1 {}_2F_1\left(-\dfrac{2}{\alpha},1;1-\dfrac{2}{\alpha},-\theta_{l,v}^{\mathrm{GU,cache}}\right)^{-1}\mathrm{d}x_1\cdots\mathrm{d}x_{K-1}, & K\geqslant 2\end{cases} \tag{6.19}$$

证明：当缓存未命中时，质量等级为 v 的视频 l 由离用户最近的 K 个 SBS 分发给用户，令 $\varPhi_K$ 表示离用户最近的 K 个 SBS 组成的集合。假设各个基站向用户发送符号，则用户收到的信号为

$$y_2=\sum_{b_i\in\varPhi_K}\sqrt{P}\cdot h_i\cdot r_i^{-\alpha/2}\cdot t+\sum_{b_j\in\varPhi\backslash\varPhi_K}\sqrt{P}\cdot h_j\cdot r_j^{-\alpha/2}\cdot t \tag{6.20}$$

则用户的信干比可以表示为

$$\mathrm{SIR}=\frac{\left|\sum\limits_{b_i\in\varPhi_K}\sqrt{P}\cdot h_i\cdot r_i^{-\alpha/2}\right|^2}{\sum\limits_{b_j\in\varPhi\backslash\varPhi_K}P\cdot\left|h_j\right|^2\cdot r_j^{-\alpha}}=\frac{X_2}{I_2} \tag{6.21}$$

根据式(6.5)的成功传输概率定义，令 $\theta_{l,v}^{\mathrm{GU,cache}}$ 表示信干比的阈值，可以得到

当 $K=1$ 时，由定理 6. 1 可得

$$\mathrm{STP}_{l,v}^{\mathrm{GU,cache}}=1/{}_2F_1\left(-\frac{2}{\alpha},1;1-\frac{2}{\alpha},-\theta_{l,v}^{\mathrm{GU,cache}}\right) \tag{6.22}$$

当 $K\geqslant 2$ 时

$$\mathrm{STP}_{l,v}^{\mathrm{GU,cache}}=\int_0^{r_2}\int_{r_1}^{r_3}\cdots\int_{r_{K-1}}^{\infty}f(\boldsymbol{r})\cdot P\left\{\mathrm{SIR}>\theta_{l,v}^{\mathrm{GU,cache}}\mid\boldsymbol{r}=\boldsymbol{x}\right\}\mathrm{d}r_1\mathrm{d}r_2\cdots\mathrm{d}r_K \tag{6.23}$$

其中，$P\left\{\mathrm{SIR}>\theta_{n,l}^{\mathrm{GU,cache}}\mid\boldsymbol{r}=\boldsymbol{x}\right\}$ 表示在条件 $\boldsymbol{r}=\boldsymbol{x}$ 下的条件概率。

$$\begin{aligned}P\left\{\mathrm{SIR}>\theta_{l,v}^{\mathrm{GU,cache}}\mid\boldsymbol{r}=\boldsymbol{x}\right\}&=P\left\{\frac{\left|\sum\limits_{b_i\in\varPhi_K}\sqrt{P}\cdot h_i\cdot r_i^{-\alpha/2}\right|^2}{I_2}>\theta_{l,v}^{\mathrm{GU,cache}}\mid\boldsymbol{r}=\boldsymbol{x}\right\}\\&=P\left\{\left|\sum_{b_i\in\varPhi_K}h_i\cdot r_i^{-\alpha/2}\right|^2>\theta_{l,v}^{\mathrm{GU,cache}}\cdot I_2\cdot P^{-1}\mid\boldsymbol{r}=\boldsymbol{x}\right\}\\&\overset{(\mathrm{d})}{=}E_{I_2}\left[\exp\left(-\theta_{l,v}^{\mathrm{GU,cache}}\cdot I_2\cdot P^{-1}/\sum_{b_i\in\varPhi_K}x_i^{-\alpha}\right)\right]\\&=L_{I_2}\left(\theta_{l,v}^{\mathrm{GU,cache}}\cdot P^{-1}/\sum_{b_i\in\varPhi_K}x_i^{-\alpha}\right)\end{aligned} \tag{6.24}$$

其中，步骤 (d) 是根据 $\left|\sum\limits_{b_i\in\varPhi_K}h_i\cdot x_i^{-\alpha/2}\right|^2\sim\exp(1/\sum\limits_{b_i\in\varPhi_K}x_i^{-\alpha})$ 而来，$L_{I_2}\left(\zeta_{l,v}^{\mathrm{GU,cache}}\right)$ 表示来自集合

$\varPhi \backslash \varPhi_K$ 中 SBS 干扰的拉普拉斯变换，其中 $\xi_{l,v}^{\text{GU,cache}} = \theta_{l,v}^{\text{GU,cache}} \cdot P^{-1} \cdot x^{\alpha}$ 。

$$
\begin{aligned}
L_{I_2}\left(\zeta_{l,v}^{\text{GU,cache}}\right) &= E_{I_2}\left[\exp\left(-\sum_{b_j \in \varPhi \backslash \varPhi_K} \zeta_{l,v}^{\text{GU,cache}} \cdot P \cdot \left|h_j\right|^2 \cdot r_j^{-\alpha}\right)\right] \\
&= E_{\varPhi_K, |h_i|^2}\left[\prod_{b_j \in \varPhi \backslash \varPhi_K} \exp\left(-\zeta_{l,v}^{\text{GU,cache}} \cdot P \cdot \left|h_j\right|^2 \cdot r_j^{-\alpha}\right)\right] \\
&= E_{\varPhi_K}\left[\prod_{b_j \in \varPhi \backslash \varPhi_K} E_{|h_j|^2}\left[\exp\left(-\zeta_{l,v}^{\text{GU,cache}} \cdot P \cdot \left|h_j\right|^2 \cdot r_j^{-\alpha}\right)\right]\right] \\
&= E_{\varPhi_K}\left[\prod_{b_i \in \varPhi \backslash \varPhi_K} \frac{1}{1+\zeta_{l,v}^{\text{GU,cache}} \cdot P \cdot r_j^{-\alpha}}\right] \\
&= \exp\left(-2\pi \cdot \lambda \int_{x_K}^{\infty} \frac{\zeta_{l,v}^{\text{GU,cache}} \cdot P \cdot \psi^{-\alpha}}{1+\zeta_{l,v}^{\text{GU,cache}} \cdot P \cdot \psi^{-\alpha}} \psi \mathrm{d}\psi\right) \\
&= \exp\left(-\pi \cdot \lambda \cdot x_K^2\left({}_2F_1\left(-\frac{2}{\alpha}, 1; 1-\frac{2}{\alpha}, -\frac{\zeta_{l,v}^{\text{GU,cache}} \cdot P}{x_K^{\alpha}}\right)-1\right)\right) \\
&= \exp\left(-\pi \cdot \lambda \cdot x_K^2\left({}_2F_1\left(-\frac{2}{\alpha}, 1; 1-\frac{2}{\alpha}, -\frac{\theta_{l,v}^{\text{GU,cache}}}{\sum_{b_i \in \varPhi_K}\left(\frac{x_i}{x_K}\right)^{-\alpha}}\right)-1\right)\right)
\end{aligned} \tag{6.25}
$$

K 个离用户最近的 SBS 到用户的距离的联合分布函数为

$$
f(\boldsymbol{r}) = (2\pi\lambda)^K \exp\left(-\pi\lambda r_K^2\right) \prod\nolimits_{k=1}^{K} r_k \tag{6.26}
$$

显然，当 $K \geqslant 2$ 时，式(6.23)的计算涉及多维积分，特别是当 K 特别大时，难以计算。根据文献[35]，离用户最近的 $K-1$ 个 SBS 可以看作在以典型用户为圆心，半径为 r_K 的圆内服从均匀分布。因此，K 个离用户最近的 SBS 到用户的距离的联合分布函数可以近似表示如下：

$$
f^{\sim}(\boldsymbol{r}) \approx \frac{2(\pi\lambda)^K}{(K-1)!} \cdot r_K^{2K-1} \cdot \exp\left(-\pi\lambda r_K^2\right) \prod\nolimits_{k=1}^{K-1} \frac{2 r_k}{r_K^2} \tag{6.27}
$$

根据式(6.26)，成功传输概率表示如下：

$$
\begin{aligned}
\mathrm{STP}_{l,v,K}^{\text{GU,cache}} = &\int_0^1 \int_0^1 \cdots \int_0^{\infty} f^{\sim}(\boldsymbol{r}) \\
&\times \exp\left(-\pi \cdot \lambda \cdot x_K^2\left({}_2F_1\left(-\frac{2}{\alpha}, 1; 1-\frac{2}{\alpha}, -\frac{\theta_{l,v}^{\text{GU,cache}}}{\sum_{b_i \in \varPhi_K}\left(\frac{x_i}{x_K}\right)^{-\alpha}}\right)-1\right)\right) \mathrm{d}x_1 \mathrm{d}x_2 \cdots \mathrm{d}x_K
\end{aligned} \tag{6.28}
$$

通过变量替换，将上式化简如下：

$$\mathrm{STP}_{l,v,K}^{\mathrm{GU,cache}}=\int_0^1\cdots\int_0^1 {}_2F_1\left(-\frac{2}{\alpha},1;1-\frac{2}{\alpha},-\frac{\theta_{l,v}^{\mathrm{GU,cache}}}{\sum\limits_{b_i\in\Phi_K}v_i^{-\alpha}}\right)^{-1}\mathrm{d}v_1\cdots\mathrm{d}v_{K-1} \tag{6.29}$$

得证。

定理 6.3　在缓存未命中情况下，最差情况用户请求质量等级为 v 的视频 l 的成功传输概率可以表示如下：

$$\mathrm{STP}_{l,v}^{\mathrm{WU,nocache}}=\left(1+\theta_{l,v}^{\mathrm{WU,nocache}}\right)^{-2}/{}_2F_1\left(-\frac{2}{\alpha},1;1-\frac{2}{\alpha},-\theta_{l,v}^{\mathrm{WU,nocache}}\right)^2 \tag{6.30}$$

证明：根据定理 6.1，缓存未命中时，最差情况用户的信干比可以表示如下：

$$\mathrm{SIR}=\frac{\left|\sum\limits_{b_i\in\Phi_K}\sqrt{P}\cdot h_i\cdot\chi^{-\alpha/2}\right|^2}{\sum\limits_{b_j\in\Phi_3\backslash\Phi_K}P\cdot\left|h_j\right|^2\cdot\chi^{-\alpha}+\sum\limits_{b_u\in\Phi\backslash\Phi_3}P\cdot\left|h_u\right|^2\cdot r_u^{-\alpha}}=\frac{X_3}{I_3} \tag{6.31}$$

其中，Φ_3 为离最差情况用户最近的 3 个 SBS 组成的集合；令 $\theta_{l,v}^{\mathrm{WU,nocache}}$ 为信干比的阈值，可以得到

$$\mathrm{STP}_{l,v}^{\mathrm{WU,nocache}}=\int_0^\infty f_\chi(x)\cdot P\left\{\mathrm{SIR}>\theta_{l,v}^{\mathrm{WU,nocache}}\mid\chi=x\right\}\mathrm{d}x \tag{6.32}$$

其中，$P\left\{\mathrm{SIR}>\theta_{l,v}^{\mathrm{WU,nocache}}\mid\chi=x\right\}$ 为在条件 $\chi=x$ 下的条件概率；$f_\chi(x)$ 为 3 个 SBS 与最差情况用户之间 χ 的概率密度函数。

$$\begin{aligned}
&P\left\{\mathrm{SIR}>\theta_{l,v}^{\mathrm{WU,nocache}}\mid\chi=x\right\}\\
&=P\left\{\frac{\left|\sum\limits_{b_i\in\Phi_K}\sqrt{P}\cdot h_i\cdot\chi^{-\alpha/2}\right|^2}{I_3}>\theta_{l,v}^{\mathrm{WU,nocache}}\mid\chi=x\right\}\\
&=P\left\{\left|\sum\limits_{b_i\in\Phi_K}h_i\cdot\chi^{-\alpha/2}\right|^2>\theta_{l,v}^{\mathrm{WU,nocache}}\cdot I_3\cdot P^{-1}\mid\chi=x\right\}\\
&=E_{I_3}\left[\exp\left(-\theta_{l,v}^{\mathrm{WU,nocache}}\cdot I_3\cdot P^{-1}\cdot x^\alpha\right)\right]\\
&=L_{I_3}\left(\theta_{l,v}^{\mathrm{WU,nocache}}\cdot P^{-1}\cdot x^\alpha\right)
\end{aligned} \tag{6.33}$$

其中，$L_{I_3}\left(\theta_{l,v}^{\mathrm{WU,nocache}}\cdot P^{-1}\cdot x^\alpha\right)$ 为来自集合 $\Phi\backslash\Phi_K$ 中 SBS 干扰的拉普拉斯变换，其中，令 $\zeta_{l,v}^{\mathrm{WU,nocache}}=\theta_{l,v}^{\mathrm{WU,nocache}}\cdot P^{-1}\cdot x^\alpha$。

$$\begin{aligned}
L_{I_3}\left(\zeta_{l,v}^{\text{WU,nocache}}\right) &= E_{I_3}\left[\exp\left(-\zeta_{l,v}^{\text{WU,nocache}}\left(\sum_{b_j\in\Phi_3\backslash\Phi_K} P\cdot\left|h_j\right|^2\cdot\chi^{-\alpha}+\sum_{b_u\in\Phi\backslash\Phi_3} P\cdot\left|h_u\right|^2\cdot r_u^{-\alpha}\right)\right)\right] \\
&= E_{\Phi_K,|h_i|^2}\left[\prod_{b_j\in\Phi_3\backslash\Phi_K}\exp\left(-\zeta_{l,v}^{\text{WU,nocache}}\cdot P\cdot\left|h_j\right|^2\cdot\chi^{-\alpha}\right)\right. \\
&\quad \left.\cdot\prod_{b_u\in\Phi\backslash\Phi_3}\exp\left(-\zeta_{l,v}^{\text{WU,nocache}}\cdot P\cdot\left|h_u\right|^2\cdot r_u^{-\alpha}\right)\right] \\
&= \left(\frac{1}{1+\theta_{l,v}^{\text{WU,nocache}}}\right)^2\cdot E_{\Phi_K,|h_i|^2}\left[\prod_{b_u\in\Phi\backslash\Phi_3}\exp\left(-\zeta_{l,v}^{\text{WU,nocache}}\cdot P\cdot\left|h_u\right|^2\cdot r_u^{-\alpha}\right)\right] \\
&= \left(\frac{1}{1+\theta_{l,v}^{\text{WU,nocache}}}\right)^2\cdot\exp\left(-\pi\cdot\lambda\cdot\chi^2\left({}_2F_1\left(-\frac{2}{\alpha},1;1-\frac{2}{\alpha};-\theta_{l,v}^{\text{WU,nocache}}\right)-1\right)\right)
\end{aligned} \tag{6.34}$$

χ 的概率密度函数为

$$f_\chi(x)=2\pi^2\lambda^2x^3\exp\left(-\lambda\pi x^2\right) \tag{6.35}$$

联合式(6.33)～式(6.35)代入式(6.32)，可以得到定理 6.3。

定理 6.4 在缓存命中情况下，最差情况用户请求质量等级为 v 的视频 l 的成功传输概率可以表示如下：

$$\text{STP}_{l,v,K}^{\text{WU,cache}}=\left(1+\frac{\theta_{l,v}^{\text{WU,cache}}}{K}\right)^{(K-3)} / {}_2F_1\left(-\frac{2}{\alpha},1;1-\frac{2}{\alpha},-\frac{\theta_{l,v}^{\text{WU,cache}}}{K}\right)^2 \tag{6.36}$$

证明：根据定理 6.1，缓存命中时，WU 的信干比可以表示如下：

$$\text{SIR}=\frac{\left|\sum_{b_i\in\Phi_K}\sqrt{P}\cdot h_i\cdot\chi^{-\alpha/2}\right|^2}{\sum_{b_j\in\Phi_3\backslash\Phi_K}P\cdot h_j\cdot\chi^{-\alpha/2}+\sum_{b_u\in\Phi\backslash\Phi_3}P\cdot\left|h_u\right|^2\cdot r_u^{-\alpha}}=\frac{X_4}{I_4} \tag{6.37}$$

令 $\theta_{l,v}^{\text{WU,cache}}$ 表示信干比的阈值，可以得到

$$\text{STP}_{l,v}^{\text{WU,cache}}=\int_0^\infty f_\chi(x)\cdot P\left\{\text{SIR}>\theta_{l,v}^{\text{WU,cache}}\mid\chi=x\right\}\mathrm{d}x \tag{6.38}$$

其中，$P\left\{\text{SIR}>\theta_{l,v}^{\text{WU,cache}}\mid\chi=x\right\}$ 表示在条件 $\chi=x$ 下的条件概率。

$$\begin{aligned}
P\left\{\text{SIR}>\theta_{l,v}^{\text{WU,cache}}\mid\chi=x\right\} &= P\left\{\frac{\left|\sum_{b_i\in\Phi_K}\sqrt{P}\cdot h_i\cdot r_i^{-\alpha/2}\right|^2}{I_4}>\theta_{l,v}^{\text{WU,cache}}\mid\chi=x\right\} \\
&= P\left\{\left|\sum_{b_i\in\Phi_K}h_i\cdot r_i^{-\alpha/2}\right|^2>\theta_{l,v}^{\text{WU,cache}}\cdot I_4\cdot P^{-1}\mid\chi=x\right\} \\
&= E_{I_4}\left[\exp\left(-\theta_{l,v}^{\text{WU,cache}}\cdot I_4\cdot P^{-1}/K\cdot x^{-\alpha}\right)\right] \\
&= L_{I_4}\left(\theta_{l,v}^{\text{WU,cache}}\cdot P^{-1}/K\cdot x^{-\alpha}\right)
\end{aligned} \tag{6.39}$$

其中，$L_{I_4}\left(\theta_{l,v}^{\text{WU,cache}}\cdot P^{-1}/K\cdot x^{-\alpha}\right)$为来自集合$\Phi\setminus\Phi_K$中 SBS 干扰的拉普拉斯变换，$\xi_{l,v}^{\text{WU,cache}}=\theta_{l,v}^{\text{WU,cache}}\cdot P^{-1}/K\cdot x^{-\alpha}$。

$$
\begin{aligned}
L_{I_4}\left(\zeta_{l,v}^{\text{WU,cache}}\right)&=E_{I_4}\left[\exp\left(-\zeta_{l,v}^{\text{WU,cache}}\cdot\left(\sum_{b_j\in\Phi_3\setminus\Phi_K}P\cdot\left|h_j\right|^2\cdot\chi^{-\alpha}+\sum_{b_u\in\Phi\setminus\Phi_3}P\cdot\left|h_u\right|^2\cdot r_u^{-\alpha}\right)\right)\right]\\
&=E_{\Phi_K,\left|h_i\right|^2}\left[\prod_{b_j\in\Phi_3\setminus\Phi_K}\exp\left(-\zeta_{l,v}^{\text{WU,cache}}\cdot P\cdot\left|h_j\right|^2\cdot\chi^{-\alpha}\right)\cdot\prod_{b_u\in\Phi\setminus\Phi_3}\exp\left(-\zeta_{l,v}^{\text{WU,cache}}\cdot P\cdot\left|h_u\right|^2\cdot r_u^{-\alpha}\right)\right]\\
&=\left(\frac{1}{1+\dfrac{\theta_{l,v}^{\text{WU,cache}}}{K}}\right)^{3-K}\cdot E_{\Phi_K,\left|h_i\right|^2}\left[\prod_{b_u\in\Phi\setminus\Phi_3}\exp\left(-\zeta_{l,v}^{\text{WU,cache}}\cdot P\cdot\left|h_u\right|^2\cdot r_u^{-\alpha}\right)\right]\\
&=\left(\frac{1}{1+\dfrac{\theta_{l,v}^{\text{WU,cache}}}{K}}\right)^{3-K}\cdot\exp\left(-\pi\cdot\lambda\cdot\chi^2\left({}_2F_1\left(-\frac{2}{\alpha},1;1-\frac{2}{\alpha};-\frac{\theta_{l,v}^{\text{WU,cache}}}{K}\right)-1\right)\right)
\end{aligned}
\tag{6.40}
$$

联合式(6.35)、式(6.39)和式(6.40)，代入式(6.38)，可以得到定理 6.4。

令路径损耗指数α为 4，本节绘制成功传输概率和信干比阈值(以分贝的形式表示)之间的关系如图 6.3 所示，由式(6.10)、式(6.19)、式(6.30)和式(6.36)以及图 6.3 可以得出以下几个结论。

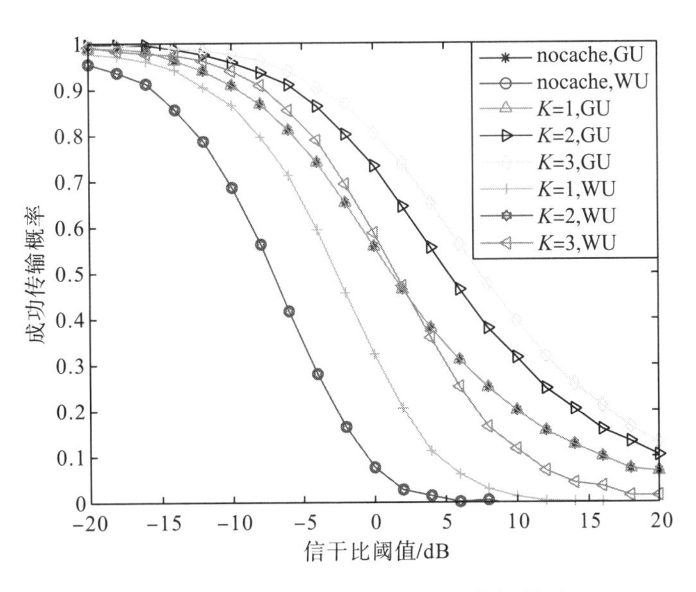

图 6.3　成功传输概率与信干比阈值的关系

结论 1：成功传输概率随信干比阈值的增大而减小。

结论 2：成功传输概率随着协作 SBS 的个数增加而增大，这是因为随着协作 SBS 个数的增加，用户接收到的有用信号由更多的 SBS 发送的信号叠加而来，因此用户的信干比增大，成功传输概率会增大。但是成功传输概率的边际收益随协作 SBS 个数的增加而减小。

结论 3：成功传输概率与 SBS 分布密度 λ（SBS 的分布服从参数为 λ 的 HPPP）无关，由证明过程可以得知，无论 λ 增大还是减小，用户获得的信号强度和变化的干扰强度均抵消，所以成功传输概率保持不变。

6.3.2 系统平均时延推导

根据 6.3.1 小节推导的成功传输概率，一个视频分组以 STP 表示传输成功的概率，以 1−STP 表示传输失败的概率。本节定义平均重传次数为视频分组第一次成功传输给用户所需的平均重传次数，用 d_l 表示。可得 d_l 服从参数为 STP 的几何分布，即

$$P\{d_l=\varepsilon\}=(1-\mathrm{STP})^{\varepsilon-1}\cdot \mathrm{STP},\quad \varepsilon=1,2,3,\cdots \tag{6.41}$$

定理 6.5 一般用户和最差情况用户请求视频的平均重传次数公式相同，表示式如下：

$$E\{d_l\}=E\{1/\mathrm{STP}_{l,v,K}^{z}\}$$
$$=\begin{cases}\displaystyle\int_0^1\cdots\int_0^1\left(2-{}_2F_1\left(-\frac{2}{\alpha},1;1-\frac{2}{\alpha},-\frac{\theta_{l,v}^{z,\mathrm{sch}}}{\sum\limits_{b_i\in\Phi_K}v_i^{-\alpha}}\right)\right)^{-1}\mathrm{d}x_1\cdots\mathrm{d}x_{K-1}, & z=\{\mathrm{GU}\},\mathrm{sch}\in\{\mathrm{cache},\mathrm{nocache}\}\\ \left(1+\dfrac{\theta_{l,v}^{z,\mathrm{sch}}}{K}\right)^{3-K}\Big/\left(1-\dfrac{\theta_{l,v}^{z,\mathrm{sch}}}{K}\right)^{2}, & z=\{\mathrm{WU}\},\mathrm{sch}\in\{\mathrm{cache},\mathrm{nocache}\}\end{cases} \tag{6.42}$$

证明：视频的重传次数被定义为成功传输概率倒数的数学期望。

$$E\{1/\mathrm{STP}_{l,v,K}^{\mathrm{GU,sch}}\}=E\left\{L\left(\varsigma_{l,v}^{\mathrm{GU,sch}}\right)^{-1}\right\}$$
$$=\int_0^{x_2}\int_{x_1}^{x_3}\cdots\int_{x_{K-1}}^{\infty}f(\boldsymbol{r})\cdot L\left(\varsigma_{l,v}^{\mathrm{GU,sch}}\right)^{-1}\mathrm{d}x_1\mathrm{d}x_2\cdots\mathrm{d}x_K$$
$$=\int_0^{x_2}\int_{x_1}^{x_3}\cdots\int_{x_{K-1}}^{\infty}f(\boldsymbol{r})\cdot\exp\left(\pi\cdot\lambda\cdot x_K^2\left({}_2F_1\left(-\frac{2}{\alpha},1;1-\frac{2}{\alpha},-\frac{\varsigma_{l,v}^{\mathrm{GU,sch}}\cdot P}{x_K^{\alpha}}\right)-1\right)\right)\mathrm{d}x_1\mathrm{d}x_2\cdots\mathrm{d}x_K \tag{6.43}$$
$$\approx\int_0^1\int_0^1\cdots\int_0^{\infty}f^{\sim}(\boldsymbol{r})\cdot\exp\left(\pi\cdot\lambda\cdot x_K^2\left({}_2F_1\left(-\frac{2}{\alpha},1;1-\frac{2}{\alpha},-\frac{\varsigma_{l,v}^{\mathrm{GU,sch}}\cdot P}{x_K^{\alpha}}\right)-1\right)\right)\mathrm{d}x_1\mathrm{d}x_2\cdots\mathrm{d}x_K$$
$$=\int_0^1\cdots\int_0^1\left(2-{}_2F_1\left(-\frac{2}{\alpha},1;1-\frac{2}{\alpha},-\frac{\theta_{l,v}^{\mathrm{GU,sch}}\cdot P}{\sum\limits_{b_i\in\Phi_K}v_i^{-\alpha}}\right)\right)^{-1}\mathrm{d}v_1\cdots\mathrm{d}v_{K-1},\mathrm{sch}\in\{\mathrm{cache},\mathrm{nocache}\}$$

$$
\begin{aligned}
&E\left\{1/\mathrm{STP}_{l,v,K}^{\mathrm{WU,sch}}\right\}=E\left\{L\left(\zeta_{l,v}^{\mathrm{WU,sch}}\right)^{-1}\right\}\\
&=\int_0^{\infty} f(r)\cdot L\left(\zeta_{l,v}^{\mathrm{WU,sch}}\right)^{-1}\mathrm{d}x\\
&=\int_0^{\infty} f(r)\cdot\left(1+\frac{\theta_{l,v}^{\mathrm{WU,sch}}}{K}\right)^{3-K}\cdot\exp\left(\pi\cdot\lambda\cdot\chi^2\left({}_2F_1\left(-\frac{2}{\alpha},1;1-\frac{2}{\alpha};-\frac{\theta_{l,v}^{\mathrm{WU,sch}}}{K}\right)-1\right)\right)\mathrm{d}x\\
&=\left(1+\frac{\theta_{l,v}^{\mathrm{WU,sch}}}{K}\right)^{3-K}\Big/\left(1-\frac{\theta_{l,v}^{\mathrm{WU,sch}}}{K}\right)^{2},\mathrm{sch}\in\{\mathrm{cache,nocache}\}
\end{aligned}
\tag{6.44}
$$

本章绘制平均重传次数与信干比阈值（以分贝表示）之间的关系，如图 6.4 所示，可以看出存在一个信干比的阈值表示为θ_{critical}，如果信干比高于临界值θ_{critical}时，平均重传次数将变为无限大，这种现象在文献[36]、文献[37]中也可以观察到。

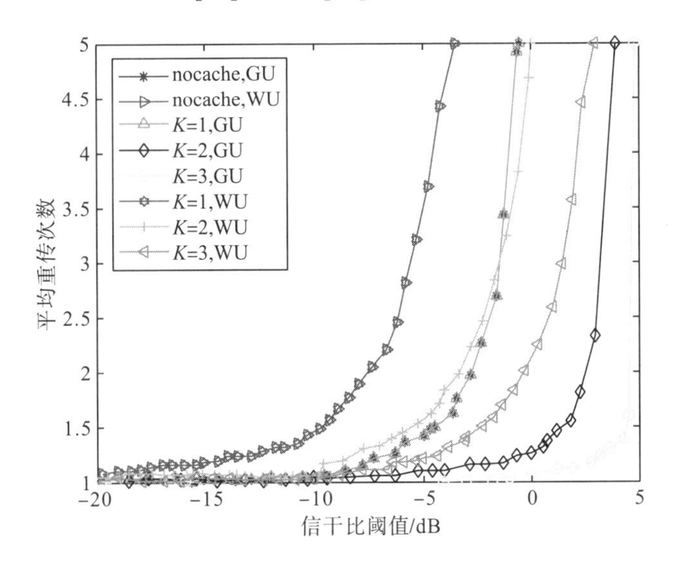

图 6.4　平均重传次数与信干比阈值的关系

平均重传次数$E\{d_l\}$的意义为：一个视频分组需要经过$E\{d_l\}$次传输才能传输成功，定义平均时延为一个视频分组成功传输所需要的时间，如下所示：

$$
\mathrm{SMD}_{l,v,K}^{z}=\tau\cdot\left[\gamma_{l,v}\cdot E\left\{1/\mathrm{STP}_{l,v,K}^{z,\mathrm{cache}}\right\}+\left(1-\gamma_{l,v}\right)\cdot E\left\{1/\mathrm{STP}_{l,v,K}^{z,\mathrm{nocache}}\right\}\right],z\in\{\mathrm{GU,WU}\}\tag{6.45}
$$

6.3.3　系统平均能量效率计算

本节考虑的总能量消耗包括三个部分，即无线传输能耗P_t、回传链路上传输能耗P_{bh}和维持 SBS 正常运行的固定能耗P_{fix}。

当缓存未命中时，对于 6.3.1 小节给定的平均传输时延，无线传输能耗可表示为

$$
P_{t,l,v,K}^{z,\mathrm{nocache}}=K\cdot P\cdot\tau\cdot\mathrm{SMD}_{l,v,K}^{z,\mathrm{nocache}}\tag{6.46}
$$

在缓存未命中的情况下，视频内容需要先从回传链路上传输至 SBS，再分发给用户，因此不可以忽略回传链路上的能量消耗，回传链路上的能量消耗与传输的比特数量有关，

可以表示如下：

$$P_{bh,l,v}=c_{bh}\cdot \mathrm{BR}_{l,v}\cdot \tau \tag{6.47}$$

固定能耗是由于维持 SBS 正常运行所产生的，其主要是由现场冷却、控制和运行电路元件以及振荡器引起的，用 P_{fix} 表示。

综上所述：缓存未命中时，总能量消耗表示如下：

$$P_{\mathrm{total,l,v}}^{z,\mathrm{nocache}}=P\cdot \tau \cdot \mathrm{SMD}_{l,v}^{z,\mathrm{nocache}}+c_{bh}\cdot \tau \cdot \mathrm{BR}_{l,v}+P_{fix}\cdot \left(1-\rho_{bh}\right)\cdot \tau \cdot \mathrm{SMD}_{l,v}^{z,\mathrm{nocache}} \tag{6.48}$$

当缓存命中时，由于视频分组不需要在回传链路上传输，只需考虑无线传输能耗和 SBS 的固定能耗。因此，缓存命中时的总能量消耗表示如下：

$$P_{\mathrm{total,l,v,K}}^{z,\mathrm{cache}}=K\cdot P\cdot \tau \cdot \mathrm{SMD}_{l,v,K}^{z,\mathrm{cache}}+K\cdot P_{\mathrm{fix}}\cdot \left(1-\rho_{bh}\right)\cdot \tau \cdot \mathrm{SMD}_{l,v,K}^{z,\mathrm{cache}} \tag{6.49}$$

能量效率表示视频内容在传输时的能量成本，被定义为单位能耗下能够传输的视频比特量，单位为 bit/J。因此缓存未命中和缓存命中两种情况下的能量效率可以分别表示为

$$\eta_{l,v}^{z,\mathrm{nocache}}=\frac{\mathrm{BR}_{l,v}\cdot \tau}{P_{\mathrm{total},l,v}^{z,\mathrm{nocache}}} \tag{6.50}$$

$$\eta_{l,v,K}^{z,\mathrm{cache}}=\frac{\mathrm{BR}_{l,v}\cdot \tau}{P_{\mathrm{total},l,v,K}^{z,\mathrm{cache}}} \tag{6.51}$$

6.3.4 系统效用函数

能量效率和平均时延都是边缘缓存网络的重要指标。为了平衡网络的能量效率和平均时延，本节构建一个加权和效用函数作为系统效用来表征网络性能，如下所示：

$$v_{l,v,K}^{z}\left(\varphi,\gamma_{l,v}\right)=\varphi\cdot \phi_{EE}\cdot \eta_{l,v,K}^{z}\left(\gamma_{l,v}\right)+\left(1-\varphi\right)\cdot \phi_{\mathrm{SMD}}\cdot \frac{1}{\mathrm{SMD}_{l,v,K}^{z}\left(\gamma_{l,v}\right)} \tag{6.52}$$

其中，$\eta_{l,v,K}^{z}\left(\gamma_{l,v}\right)=\gamma_{l,v}\cdot \eta_{l,v,K}^{z,\mathrm{cache}}+\left(1-\gamma_{l,v}\right)\cdot \eta_{l,v}^{z,\mathrm{nocache}}$ 为边缘缓存网络的能量效率；ϕ_{EE} 和 ϕ_{SMD} 分别为能量效率和平均时延的归一化因子，以确保它们的数值在相同的范围内；$\varphi\in[0,1]$ 为能量效率和平均时延的权重，φ 越大表示边缘缓存网络对能量效率更敏感，反之则表示网络对平均时延更敏感。

γ 和 K 分别表示所有视频的缓存状态组成的集合，以及视频在分发时协作 SBS 的个数组成的集合；$\mathrm{ANP}^{z}\left(\gamma,K\right)$ 表示网络系统效用函数，本节针对最大化系统效用值建立优化模型：

$$\begin{aligned}
&P1:\max_{\gamma,\boldsymbol{K}}\mathrm{ANP}^{z}\left(\gamma,K\right)=\sum_{l=1}^{L}\sum_{v=1}^{V}a_{l}\cdot b_{l,v}\cdot v_{l,v,K}^{z}\left(\varphi,\gamma_{l,v}\right)\\
&\text{s.t. } C1:\sum_{l\in L}\sum_{v\in V}\gamma_{l,v}\cdot S_{l,v}\leqslant M\\
&\qquad C2:\gamma_{l,v}\in\{0,1\}\\
&\qquad C3:K\in\{1,2,3\}
\end{aligned} \tag{6.53}$$

6.3.5　视频缓存优化决策

本节将对 6.3.4 小节提出的优化问题进行求解，观察式(6.53)可以得出优化问题 $P1$ 是一个 0-1 整数线性规划问题，其计算复杂度随着视频库中视频数量的增加而增加。受遗传算法的启发，本节提出一种基于遗传算法的视频缓存优化算法(genetic algorithm cache，GAC)。

遗传算法是模拟自然界生物进化过程和自然选择规律的一类自适应随机智能搜索算法，遗传算法通过对优化问题的部分可行解进行编码构造种群，并通过选择、交叉和变异等操作来更新种群。下面给出 GAC 算法的详细描述，GAC 算法的伪代码如表 6.1 所示。

表 6.1　GAC 算法伪代码

算法 1：视频缓存优化算法
输入：$\eta_{l,v,K}^{\mathrm{GU}}$，$\mathrm{SMD}_{l,v,K}^{\mathrm{GU}}$，$\eta_{l,v,K}^{\mathrm{WU}}$，$\mathrm{SMD}_{l,v,K}^{\mathrm{WU}}$，$\varphi$，$i=1$，迭代次数 iteration；
输出：γ^*，$\boldsymbol{K}^*$
1：**for** 一般用户 **do**
2：　寻找最优的协作 SBS 个数
3：　创建初始种群 γ_i
4：　**while** $i \leqslant$ iteration **do**
5：　根据计算适应度函数
6：　通过交叉和变异生成新的种群 γ_{i+1}
7：　　　**if** 种群 γ_{i+1} 的价值小于种群 γ_i **then**
8：　　　　　保留第 i 次迭代的种群，更新 $\gamma^* \to \gamma_i$
9：　　　**else if** 种群 γ_{i+1} 的价值大于种群 γ_i **then**
10：　　　　　保留第 $i+1$ 次迭代的种群，更新 $\gamma^* \leftarrow \gamma_{i+1}$
11：　　　**end if**
12：　　更新 $i \leftarrow i+1$
13：　　**end while**
14：**end for**
15：**for** 最差情况用户 **do**
16：　　重复步骤 4～15
17：**end for**
18：输出缓存策略 γ_i，最优协作 SBS $\boldsymbol{K}^*$

第一阶段排序：对于每种视频来说，联合传输 SBS 的个数为 1、2 或 3 个，可以通过排序的方法找到该视频最优联合传输 SBS 的个数，将所有视频传输最优联合 SBS 个数组成的集合记为 $\boldsymbol{K}^*$。

第二阶段染色体编码：对优化问题的部分可行解进行编码构造初始种群，因为缓存策略是二进制的，非 0 即 1，所以染色体编码由 0 和 1 构成。0 表示对应的视频没有缓存在边缘缓存服务器中，1 则表示对应的视频被缓存在边缘缓存服务器中。一条染色体代表自然界的一个个体，每个个体都是独一无二的，表示对应的一种缓存策略。

第三阶段计算适应度：适应度函数用于表征自然界的个体对自然界的适应程度，如果个体的适应程度高，则意味着该个体在自然选择进化过程中不容易被淘汰，反之则意味着该个体很有可能被淘汰。适应度函数对应到优化问题 *P*1 则表示每种缓存策略的效用函数，一种缓存策略的效用函数越大意味着在后面的迭代过程中该缓存策略被保留下来的概率越大，根据式(6.53)计算每种缓存策略的适应度函数。

第四阶段选择操作：以一定的概率从种群中选择若干个个体保存下来，模拟自然界中自然选择的过程，选择过程是一种基于适应度函数的优胜劣汰过程。每次选择过程寻找所有可能对缓存网络效用函数贡献程度大的缓存策略，并将其保留至下一次迭代中。

第五阶段交叉操作：两条染色体的某一相同的位置被切断，交叉组合形成两个新的染色体，模拟自然界中基因重组或杂交过程。对两两成对的缓存策略做交叉操作，假设相同视频的缓存策略以概率 δ_0 交叉互换。

第六阶段变异操作：改变一条染色体的某一位置，形成新的染色体，模拟自然界中基因突变过程。对应缓存策略产生变异时，对应的视频缓存状态发生改变，由缓存变为不缓存或者由不缓存变为缓存，假设缓存策略以概率 δ_1 发生变异。

最后重复第三阶段到第六阶段，直至缓存网络效用保持稳定或达到最大迭代次数时结束。

6.4 带有弹性编码的边缘视频缓存性能验证

6.4.1 边缘缓存仿真环境

本章对视频缓存在通信网络中的性能进行评估，视频库内共有 50 个视频可供用户请求，每个视频被编码为 5 个质量等级。仿真参数见表 6.2 所示。

表 6.2 仿真参数设置

参数设定	取值范围
内容流行度参数	0.2
带宽/MHz	10
路径损耗指数	4
权衡因子	0.15
视频数量	50
视频质量等级数量	5
SBS 缓存容量/ Mbit	2×10^4
EE 的归一化因子	8
SMD 的归一化因子	1
交叉率	0.9
变异率	0.05
迭代次数	3000

另外，对 GAC 算法进一步优化，在 GAC 的基础上加入 SVC 技术，即 CSVC 算法。为验证 CSVC 算法的有效性，本节提出两种具有代表性的缓存方法与本章所提算法进行对比，这两种缓存算法如下。

(1)不同质量等级的视频视为不同的视频(different quality level as different video,

DQLDV)：该算法可以视为一种未编码的视频缓存方式，即视频不经过编码被缓存在边缘缓存服务器中，相同视频的不同质量等级视为不同的视频。

(2) 最大质量等级缓存(only maximum quality level，OMQL)：该算法将视频编码之后，只将每个视频最高质量等级缓存在缓存服务器中。当用户在请求低质量等级的视频时，缓存服务器将最高质量等级的视频经过视频转码获得用户请求的质量等级，再分发给用户。

6.4.2　边缘缓存仿真结果

图 6.5 展示了两类用户不同缓存方式的系统效用与缓存容量的关系。由图可知，系统效用随着缓存容量的增大而增大，原因是缓存容量越大意味着更多的视频内容可以被缓存在缓存服务器中，更多用户的视频内容请求可以由缓存服务器满足。CSVC 算法与 OMQL 算法系统效用都在缓存容量大于 2×10^4Gbit 时保持不变。对于算法 OMQL 来说，这是因为当缓存容量足够大时，所有最高质量等级的视频都可以被缓存在缓存服务器中，因此可以满足所有用户对所有视频的请求(包括高质量视频和低质量视频)。当缓存容量继续增加，系统效用也不会改变。对于算法 CSVC 来说，缓存容量足够大同样可以将可伸缩性视频编码所有的视频层(包括基本层和所有的增强层)缓存在缓存服务器中，当缓存容量继续增加，系统效用同样也不会改变。对于算法 DQLDV，系统效用随着缓存容量增加而增加，没有出现拐点保持不变，这是因为 DQLDV 可以视为一种未编码缓存方式，将同一视频的不同质量等级视为不同的视频，相互之间不能转化。因此相同的缓存容量 F，DQLDV 算法较 CSVC 算法和 OMQL 算法缓存的视频内容少，因而缓存服务器只能满足少数用户的请求。因此 DQLDV 算法系统效用最低，而 OMQL 算法在缓存容量较小时系统效用高于 CSVC 算法，这是因为 OMQL 算法可以通过视频转码将高质量等级的视频转码为低质量等级的视频，虽然会付出视频转码的代价，但是较 CSVC 算法，缓存服务器可以满足更多用户的请求，此时系统效用仍高于 CSVC 算法。但是随着缓存容量继续增大，OMQL 算法中视频转码造成的缓存容量优势，已经不足以弥补转码造成的能量消耗和时延，因此系统效用会低于 CSVC 算法。

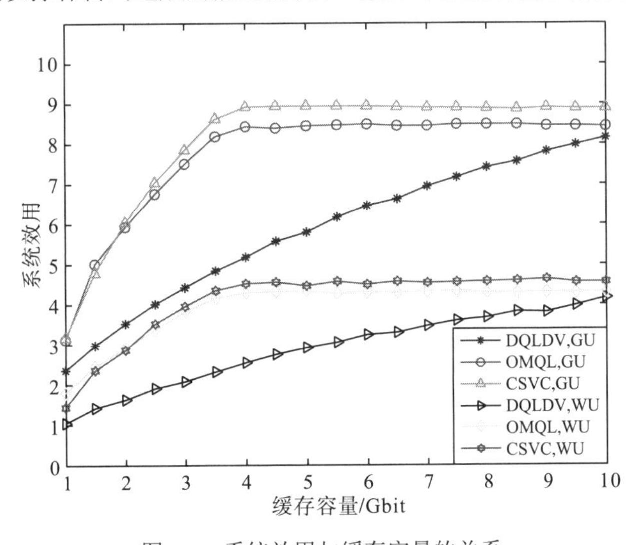

图 6.5　系统效用与缓存容量的关系

图 6.6 展示了系统平均能量效率与缓存容量的关系。随着缓存容量增加，CSVC 算法和 OMQL 算法的系统平均能量效率都在一个拐点之后保持不变。由于视频转码需要消耗一定的转码能量，因此当缓存容量足够大时，OMQL 算法的系统平均能量效率最低。DQLDV 算法的系统平均能量效率逐渐高于 OMQL 算法，但能量效率最高的依旧是 CSVC 算法。图 6.7 展示了系统平均时延与缓存容量的关系，可见最差情况用户的平均时延非常高，说明边缘缓存网络存在最差情况用户。

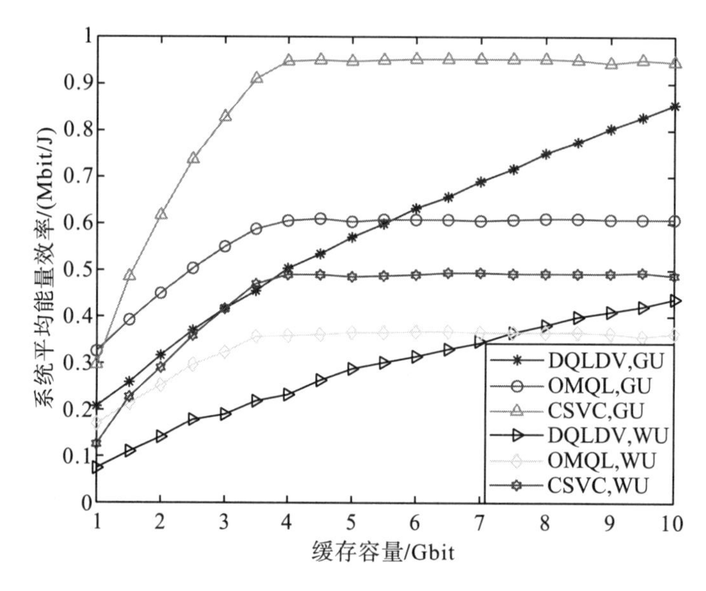

图 6.6　系统平均能量效率与缓存容量的关系

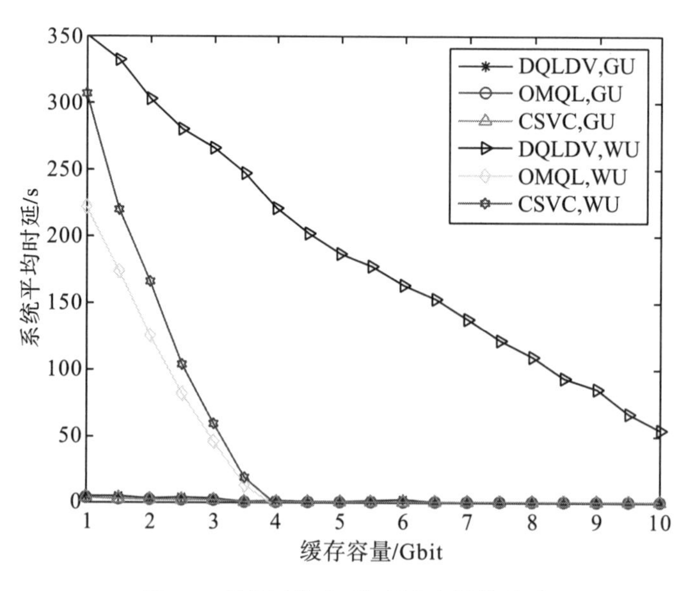

图 6.7　系统平均时延与缓存容量的关系

图 6.8 展示了缓存命中率与缓存容量的关系。随着缓存容量增大，CSVC 算法和 OMQL 算法的缓存命中率都有一个拐点，之后则保持为 1 不变。这是由于缓存容量足够大，将所有视频缓存在边缘服务器中。另外可以看出，OMQL 算法的命中率在缓存容量较低时高于 CSVC 算法。这些结果与本章之前的分析结果是一致的。除此之外，三种算法的一般用户和最差情况用户的缓存命中率是相同的，即使它们的系统能效和平均时延都是不同的。

图 6.9 展示了系统效用与流行度因子 σ 的关系。可以观察到系统效用随 σ 增大而增大，这是因为 σ 越大意味着用户的请求越集中，进而意味着相同的缓存容量，缓存服务器可以满足更多用户的请求，更多用户可以直接从缓存服务器中获取视频，因此系统效用随 σ 的增大而增大。

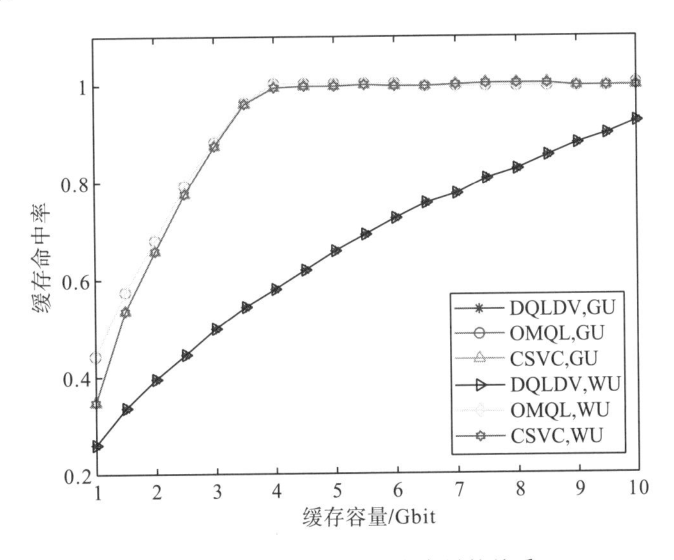

图 6.8　缓存命中率与缓存容量的关系

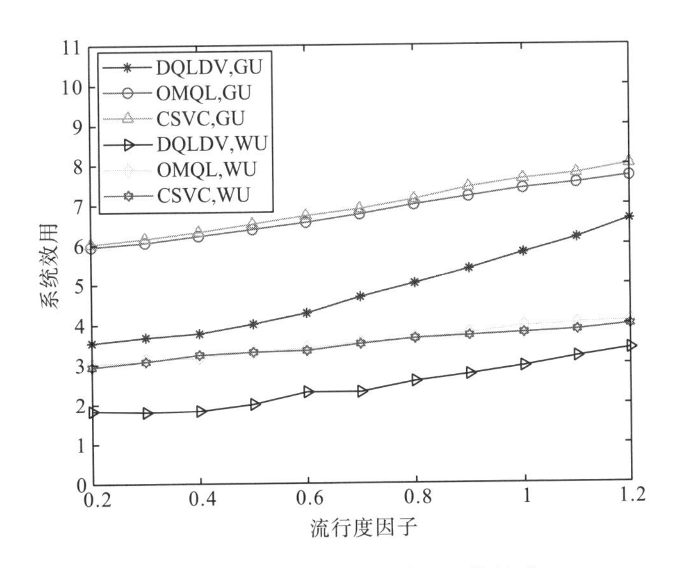

图 6.9　系统效用与流行度因子的关系

图 6.10 和图 6.11 分别展示了能量效率与流行度因子σ的关系和系统平均时延与流行度因子σ的关系。随着σ的增加，系统能效和系统平均时延的变化趋势相反，原因同样是由于σ越大，用户的请求越集中。缓存服务器需要缓存的视频内容较少就可以满足更多用户的请求，这与本章之前的分析结果是一致的。

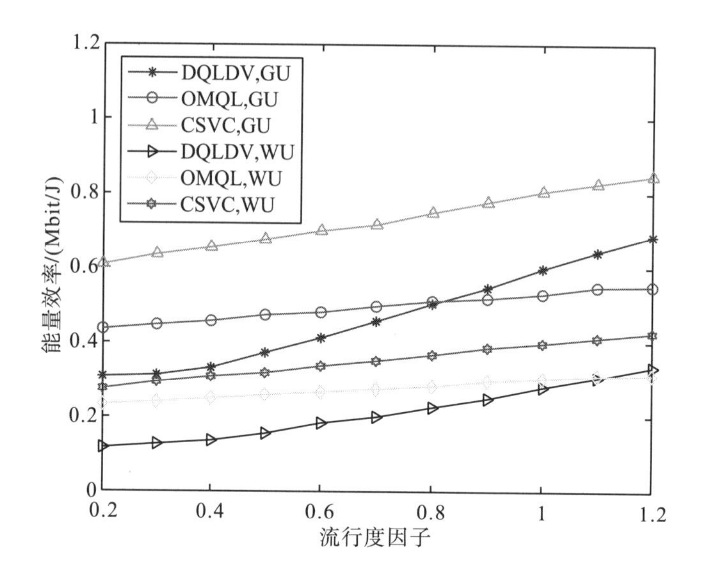

图 6.10 能量效率与流行度因子的关系

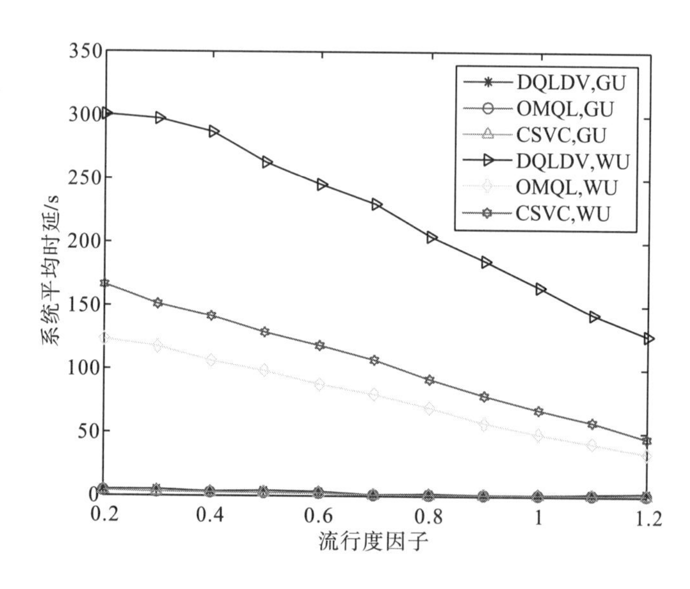

图 6.11 系统平均时延与流行度因子的关系

图 6.12 展示了缓存命中率与流行度因子之间的关系。可以看出 CSVC 算法的缓存命中率略低于 OMQL 算法，这是因为相同的缓存容量下，OMQL 算法通过视频转码的方式较 CSVC 算法可以满足更多用户的请求，DQLDV 算法的缓存命中率最低。

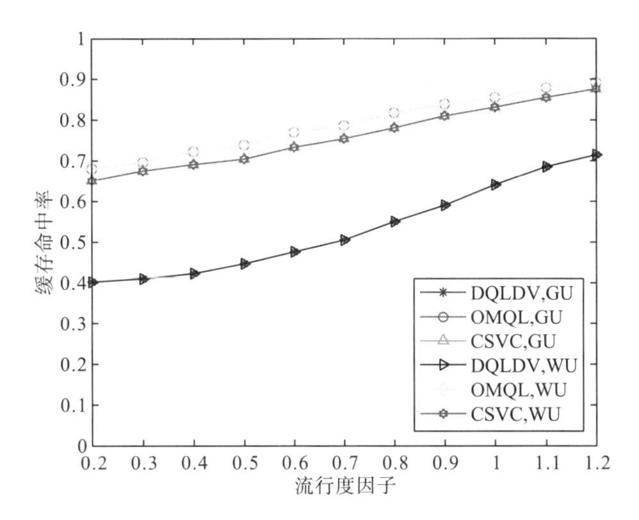

图 6.12 缓存命中率与流行度因子的关系

6.5 本 章 小 结

本章研究了边缘缓存网络中的视频缓存和分发方案，提出了一种基于可伸缩性视频编码的缓存方案，使用随机几何工具得到所提方案的系统能效和系统平均时延的表达式，建立了关于系统能效与系统平均时延加权和的多目标平衡问题。并将该问题转化为 0-1 整数线性规划问题，提出了一种基于遗传算法的视频缓存算法，模拟自然界生物进化过程通过迭代得到最优视频缓存策略和最优协作 SBS 个数，保证了高精度和低复杂度。在最后数值结果分析中，所提算法对比了几种有代表性的基线方案，仿真结果表明所提方案在系统效用、系统能效、平均时延和缓存命中率上较其他算法均有一定的优势。

参 考 文 献

[1] Ericsson mobility report[EB/OL]. (2021-03-08)[2024-10-12]. http：//www.ericsson.com/en/ mobility-report/ reports/november-2017.

[2] Hu Y C，Patel M，Sabella D，et al. Mobile edge computing:A key technology towards 5G[EB/OL]. (2016-04)[2024-10-12]. http：//www.etsi.org/technologies-clusters/technologies/moble-edge-computing.

[3] Li L，Shi D，Hou R H，et al. Energy-efficient proactive caching for adaptive video streaming via data-driven optimization[J]. IEEE Internet of Things Journal，2020，7(6)：5549-5561.

[4] Zha X W，Lv T J，N W，et al. Energy-efficient caching for scalable videos in heterogeneous networks[J]. IEEE Journal on Selected Areas in Communications，2018，36(8)：1802-1815.

[5] Hemalatha K，Yadav P K，Ramasubramanian N. Adaptive bitrate transcoding for power efficient video streaming in mobile devices[C]//3rd International Conference on Signal Processing. Chennai：IEEE，2015：1-5.

[6] 彭冬阳，王睿，胡谷雨，等. 视频缓存策略中 QoE 和能量效率的公平联合优化[J]. 计算机科学，2022，49(4)：312-320.

[7] Ayoub O，Musumeci F，Tornatore M. Energy-efficient video-on-demand content caching and distribution in metro area networks[J]. IEEE Transactions on Green Communications and Networking，2019，3(1)：159-169.

[8] Zhou G，Zhao L，Wang Y，et al. Energy efficiency and delay optimization for edge caching aided video streaming[J]. IEEE Transactions on Vehicular Technology，2020，69(11)：14116-14121.

[9] Shu P，Du Q G. Group behavior-based collaborative caching for mobile edge computing[C]//2020 IEEE 4th Information Technology，Networking，Electronic and Automation Control Conference (ITNEC)，Chongqing：IEEE，2020：2441-2447.

[10] 任佳智，田辉，范绍帅，等. 基于用户偏好预测的无人机部署和缓存策略[J]. 通信学报，2020，41(6)：1-13.

[11] Chen Z，Gursoy M C，Velipasalar S. Deep reinforcement learning-based edge caching in wireless networks[J]. IEEE Transactions on Cognitive Communications and Networking，2020，6(1)：48-61.

[12] Zheng Z J，Song L Y，Han Z，et al. A stackelberg game approach to proactive caching in large-scale mobile edge networks[J]. IEEE Transactions on Wireless Communications，2018，17(8)：5198-5211.

[13] 冯翔，刘智满，帅典勋. 内容分布网络缓存资源并行分配的博弈粒子场方法[J]. 计算机学报，2007，30(3)：368-379.

[14] Pang H T，Gao Li，Sun L F. Joint optimization of data sponsoring and edge caching for mobile video delivery[C]//2016 IEEE Global Communications Conference (GLOBECOM)，Washington：IEEE，2016：1-7.

[15] Sun L，Pang H T，Gao L. Joint sponsor scheduling in cellular and edge caching networks for mobile video delivery[J]. IEEE Transactions on Multimedia，2018，34(5)：3428-3437.

[16] Pang H T，Gao L，Ding Q H，et al. When data sponsoring meets edge caching：a game-theoretic analysis[C]//2016 IEEE Global Communications Conference (GLOBECOM)，Singapore：IEEE，2017：1-6.

[17] Xiong Z H，Feng S H，Niyato D，et al. Game theoretic analysis for joint sponsored and edge caching content service market[C]//2018 IEEE Global Communications Conference，Abu Dhabi：IEEE，2018：1-7.

[18] Xiong Z H，Feng S H，Niyato D，et al. Joint sponsored and edge caching content service market：a game-theoretic approach[J]. IEEE Transactions on Wireless Communications，2019，18(2)：1166-1181.

[19] 蔡艳，吴凡，朱洪波. D2D 协作边缘缓存系统中基于传输时延的缓存策略[J]. 通信学报，2021，42(3)：183-189.

[20] Li X H，Wang X F，Wan P J，et al. Hierarchical edge caching in device-to-device aided mobile networks：modeling，optimization，and design[J]. IEEE Journal on Selected Areas in Communications，2018，36(8)：1768-1785.

[21] Tan L T，Hu R Q，Qian Y. D2D communications in heterogeneous networks with full-duplex relays and edge caching[J]. IEEE Transactions on Industrial Informatics，2018，14(10)：4557-4567.

[22] Sripanidkulchai K，Maggs B M，Zhang H. An analysis of live streaming workloads on the internet[C]//Proceedings of the 4th ACM SIGCOMM Conference on Internet Measurement 2004，Taormina：ACM，2004：41-54.

[23] Tran T X，Pompili D. Adaptive bitrate video caching and processing in mobile-edge computing networks[J]. IEEE Transactions on Mobile Computing，2019，18(9)：1965-1978.

[24] Yang S H，Hajek B. VCG-kelly mechanisms for allocation of divisible goods：adapting VCG mechanisms to one-dimensional signals[J]. IEEE Journal on Selected Areas in Communications，2007，25(6)：1237-1243.

[25] Mehrabi A，Siekkinen M，Illahi G，et al. D2D-enabled collaborative edge caching and processing with Adaptive Mobile Video Streaming[C]//2019 IEEE 20th Interna-tional Symposium on “A World of Wireless，Mobile and Multimedia Networks” (WoWMoM)，Washington：IEEE，2019：1-10.

[26] Goto K，Hayamizu Y，Bandai M，et al. QoE performance of adaptive video streaming in information centric networks[C]//2019 IEEE International Symposi-um on Local and Metropolitan Area Networks (LANMAN)，Paris：IEEE，2019：1-2.

[27] Ferenc J S，Néda Z. On the size distribution of poisson voronoi cells[J]. Physica A：Statistical Mechanics and its Applications，2007，385(2)：518-526.

[28] Li S I，Lin P，Song J，et al. Computing-assisted task offloading and resource allocation for wireless VR systems[C]//2020 IEEE 6th International Conference on Computer and Communications（ICCC），Chengdu：IEEE，2020：368-372.

[29] Liu Y，Lin T，Liu Z L，et al. A cache-aware approach for dynamic adaptive video streaming over HTTP[C]//2019 IEEE Symposium on Computers and Communications（ISCC），Barcelona：IEEE，2019：1-6.

[30] Shi J，Pu L J，Xu J D. Allies：tile-based joint transcoding，delivery and caching of 360° videos in edge cloud networks[C]//2020 IEEE 13th International Conference on Cloud Computing（CLOUD），Beijing：IEEE，2020：337-344.

[31] 吉爱国，栾云哲. 基于缓存补偿的视频码率自适应算法[J]. 计算机应用，2022，42(9)：2816-2822.

[32] Lin P，Song Q Y，Song J，et al. Edge intelligence-based joint caching and transmission for QoE-aware video streaming[C]//2020 IEEE/CIC International Conference on Communications in China（ICCC），Chongqing：IEEE，2020：214-219.

[33] Tran T X，Pompili D. Adaptive bitrate video caching and processing in mobile-edge computing networks[J]. IEEE Transactions on Mobile Computing，2019，18(9)：1965-1978.

[34] Tran T X，Pandey P，Hajisami A，et al. Collaborative multi-bitrate video caching and processing in mobile-edge computing networks[C]//2017 13th Annual Conference on Wireless On-demand Network Systems and Services（WONS），Jackson：IEEE，2017：165-172.

[35] Jiang Y X，Wan C Y，Tao M X，et al. Analysis and optimization of fog radio access networks with hybrid caching：delay and energy efficiency[J]. IEEE Transactions on Wireless Communications，2020，20(1)：69-82.

[36] Haenggi M. The Meta distribution of the SIR in poisson bipolar and cellular networks[J]. IEEE Transactions on Wireless Communications，2016，15(4)：2577-2589.

[37] Salehi M，Mohammadi A，Haenggi M. Analysis of D2D underlaid cellular networks：SIR meta distribution and mean local delay[J]. IEEE Transactions on Communications，2017，65(7)：2904-2916.

第 7 章 区块链使能的边缘信任管理技术

边缘计算通过采用具一定计算能力的边缘服务器处理计算任务，可为轻量级设备高效完成复杂任务[1]。其基本思想是将云计算功能扩展到移动网络的边缘，以减少现有云基础设施上的固有约束。但移动网络的边缘是所有业务服务的接入点，就安全性来说是整个网络的薄弱部分[2]。现有移动节点容易被篡改、入侵，可能导致整个移动网络遭受攻击。因此，边缘服务器有必要对移动节点验证其可靠性。现有研究一般通过基于传统密码学的身份认证方式，但此种方式下，移动节点发生争议时无法追踪节点身份[3,4]。针对现有认证机制的不足，本章通过信任管理机制，可建立移动节点之间的信任关系，并由边缘服务器记录其信任关系，在验证节点可信度的同时可追踪节点身份[5]。

信任作为一种社会概念，被定义为在特定的时空状态下，对特定个体的主观信任程度。在具体的网络中，信任是指一个节点(评估节点)对另一个节点(待评估节点)下一次交互成功的概率期望，其依据是待评估节点在网络中的历史行为以及网络中其他节点对待评估节点的意见。信任管理是传统密码学的有效补充，是信任关系的拓延。系统内不同实体间信任关系的描述和获取方法有差异，信任管理的度量方法也是不同的。社交网络信任模型常用于基于 Web 的社交行为研究，但随着以群智感知、车联网等新兴场景的快速发展及对匿名性协作的迫切需求，也有研究者提出将社交网络中的信任管理模型迁移到这些新兴场景中。但不同应用环境对信任管理机制功能的要求是不同的，现有信任管理模型对信任的分类和特点描述并不一定适合网络拓扑变化快、节点相遇随机性大的应用环境。这些环境中节点移动的高速性以及交互的突发性，为节点之间的可信协作与数据共享带来了巨大挑战。针对现有认证机制与信任管理模型在这些应用环境中的不足，本章提出区块链使能的信任管理模型。分层的架构设计和区块链技术的应用保障了节点交互记录的可溯源、不可篡改和透明性。综合应用狄利克雷、信任回归和惩罚撤销等机制的信任评估方法，在恶意节点检测准确率和恶意攻击抵抗方面具有巨大的优势，更能客观准确地反映节点的真实信任状况。

7.1 信任管理技术研究现状及主要挑战

7.1.1 信任管理架构研究现状

随着物联网的应用领域不断扩大，新兴应用场景不断涌现，本章不再探讨传统静态网络中的信任管理问题，而是聚焦于存在移动节点的具有快速变化的网络拓扑结构特征的移动边缘网络。在此场景中，现有社交网络的信任管理架构主要包括中心化架构和分布式架构两种[6]。

1. 中心化架构

在中心化架构中，中心服务器负责所有节点中信任数据的存储和处理。在网络拓扑变化快、节点相遇随机性大的应用环境中，当节点需要获知其他节点的信誉值时，需要向中心服务器发送请求，由于节点的高速移动性，位于云端的中心服务器往往不能满足这些网络环境对于时延的要求。同时，中心服务器不仅维护成本高，还很容易成为攻击者的攻击目标，一旦出现单点故障就会造成灾难性的后果。

2. 分布式架构

为了克服中心化模式带来的缺陷，一些研究采用分布式架构实现信任管理[1]。相比于中心化的信任管理架构，分布式的信任数据存储和管理的任务通常由节点自身来完成，减少了节点与网络设施的交互次数，不仅提高了传输效率，还解决了中心化服务器单点故障的问题。在分布式信任架构中，为了有效识别工业控制系统中应用信任管理时的恶意行为并建立信任关系，Wang 等[7]提出了一种针对主动防御架构下工控网络异常行为的信任管理方法，通过分析未知威胁下控制操作的异常行为，建立了工控网络可用性约束下的信任更新和决策机制。Yao 等[8]提出两种信任模型，一种是根据应用的类型和节点的权限级别提出基于权重的动态车辆中心信任模型；另一种是利用经验和效用理论构建了一个以数据为中心的轻量级信任模型，帮助检测车辆的虚假数据。为了平衡用户隐私与车辆信息可靠性，Pham 等[9]提出自适应关联和识别方案(adaptive linkability and recognition scheme，ALRS)，来识别匿名化的车辆身份和信任评级，达到不可追踪和对未授权用户屏蔽内部信息的作用。同时，还设计了自适应信任管理方案(adaptive trust management scheme，ATMS)，通过考虑发送者的信任评级来估计接收事件的可信度。

去中心化的信任评估机制实现主要结合区块链技术，通过节点或者边缘服务器来实现分散的点对点协调与合作。针对复杂的网络结构和高移动性所导致的移动节点之间共享消息的不可靠性，Zhang 等[10]提出了基于区块链的车联网信任管理系统，可以检测出发送恶意消息的车辆，并根据评级机制降低其声誉值以进行惩罚。基于区块链的数据存储系统，可以防止攻击者篡改存储在路侧单元(road side unit，RSU)中的声誉值，最后形式化了完整的车辆信誉值计算方案，以解决消息可信度计算问题。在开放的通信环境下，车辆很难评估它们收到消息的可信度，Javaid 等[11]提出了一种基于区块链的车联网协议，该协议使用带有物理不可克隆功能(physical unclonable function，PUF)、证书和动态工作量证明(dynamic proof of work，DPOW)共识算法的智能合约，能够达到通过管理注册车辆列表来区分注册车辆和恶意车辆的效果。Fan 等[12]提出了一种安全、可验证的数据共享方案来实现一对多的数据共享，使用区块链来记录数据的访问策略，实现了用户自认证和云不可抵赖，这是为了保护访问策略中包含的敏感信息提出的一种策略隐藏方案。Yang 等[13]提出了一种基于区块链的车辆网络信任管理方案，车辆可以使用贝叶斯推理模型对接收到的相邻车辆的消息进行验证，根据验证结果生成一个评级，使 RSU 可以分布式更新和共享不同车辆的信任值。Kang 等[14]利用联盟链和智能合约实现了车辆边缘网络中数据的安全存储和共享，有效地防止了未经授权的数据共享。Fernandes 等[15]提出一个去中心化的声誉系统，以分析车辆在 VANETs 中的信任值，通过使用声誉列表、直接声誉、间接声誉和投票的方案识别恶意节点的存在，同时抵抗合谋攻击。杨小东等[16]针对车联网电子证据共享中的隐私和安全问题，提出了一种基于签名和区块链的车联网电子证据共享方案。所提方案将证据密文和证据报告分别存储于云服务器和区块链中，以实现电子证据的安全存储与共享。

7.1.2 信任管理技术主要挑战

具有动态拓扑、高移动性、开放性等特征的网络环境中的突出问题主要集中在安全、隐私等方面[17]。现有研究主要致力于构建安全的通信通道抵御外部攻击以保证通信安全，但对于网络内部，需要协助的节点往往通过节点与节点之间通信的方式与服务节点建立联系，以获得相关信息[18]。由于节点相遇的偶然性与随机性，大部分基于协作的任务需要在陌生节点之间进行，但是陌生的节点间缺乏必要的信任基础，使得信息的真实性和可靠性存疑。不真实或者错误的信息会降低运输效率，在最坏的情况下，还会导致意外事件的发生，威胁到人类的生命安全。因此，如何为该场景下的节点协作建立一个客观、公正、可靠的信用体系是一个需要解决的问题，其主要面临的挑战如下。

1. 历史服务行为评估

需要协助的节点与服务节点之间建立协作关系时，首先需要有一个合理的信用体系评估对方，该信用体系应该具备以下条件：①恶意服务历史可追溯，从而督促服务提供者努力提高服务质量；②恶意评价历史可追溯，从而督促服务请求者对服务做出公正、客观的评价。

2. 弹性节点认证机制

为了实现上述功能，给协作双方提供一个信任、可靠的通信环境，往往使用公钥加密体系验证节点身份以保障通信安全，但频繁的认证与加密过程需要耗费大量计算与通信资源，也不满足节点交互的突发性与低时延需求。并且，传统的认证技术防外不防内，通过认证的节点仍可能提供恶意服务或给出恶意评价，而没有认证的节点，即使具有较高的协作能力和信誉，也不能参与节点间的协作，这使得资源的利用率大为降低。

3. 可靠节点信任机制

结合上述网络的应用特点，引入社交网络信任机制，把可度量的信誉值作为节点协作建立的重要指标，可弥补传统认证加密技术的不足。但现有信任管理架构中，中心化信任架构不能满足这些网络对于时延的要求，并且维护成本高，中心服务器容易成为攻击者的攻击目标。而分布式的信任架构虽然解决了中心化信任架构带来的问题，但出于节点自身条件的限制以及自身利益的考虑，其独自维护的信任数据库往往不完全可靠。此外，考虑到节点的高移动性、相遇的偶然性与随机性、交互的突发性与实时性，节点间互联通信客观上存在一定的失败概率，节点间的社交呈现弱社交特征，难于以地域为限建立和维持稳定的社交圈，因此，不能完全照搬传统信任机制，仅依据直接信任和间接信任建立信任网络。

7.2　边缘信任管理系统模型

7.2.1　区块链使能的信任管理系统

综上所述，考虑到中心化信任管理架构的缺点，本节结合区块链技术和分布式信任管理架构，提出一种新的信任管理系统，即区块链使能的信任管理系统。所提出的架构适用于本章提出的具有动态拓扑、高移动性、开放性等特征的网络环境。该架构中，数据存储和管理的任务通常由节点自身来完成，减少节点与网络设施的交互次数，不仅提高传输效率，还解决中心化服务器单点故障的问题。

区块链驱动的信任评估系统分为数据存储层、边缘应用层和数据传输层三层，如图 7.1 所示。

数据存储层包括云数据处理中心和区块链，通过验证评分文件的合法性和时效性将其上链，用于后续服务声誉可追溯、服务记录不可篡改和全局服务公开透明。

边缘应用层包括信息服务类、交通安全类、媒体服务类、自动驾驶类等多种业务，对移动节点请求的服务进行安全分析并提供低时延服务响应。

数据传输层包括边缘服务器和节点。节点与节点通信和节点与边缘服务器通信方式是本层主要的工作协作方式，节点与节点通信主要完成节点之间可信服务通道的建立，节点与边缘服务器通信完成相关服务请求和响应通道建立。

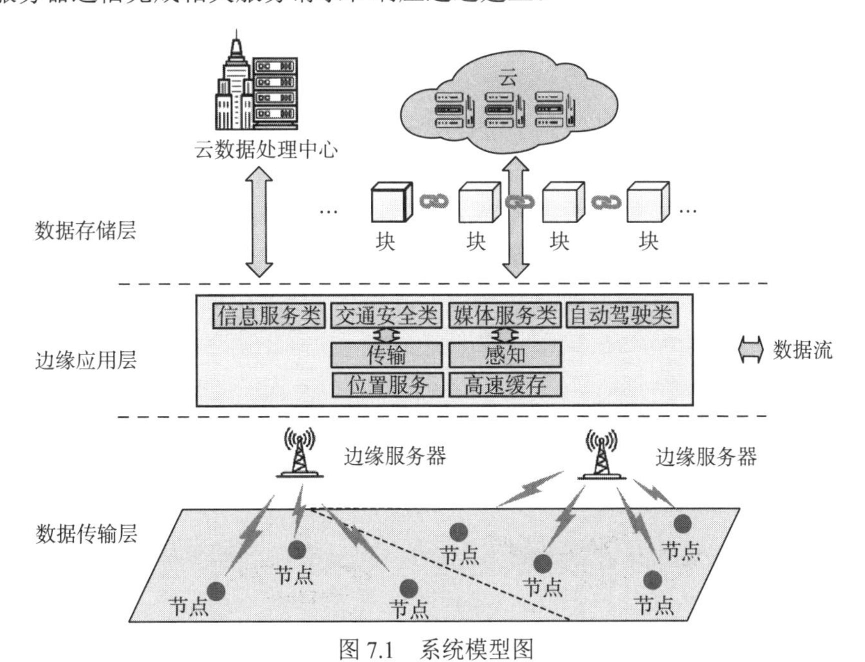

图 7.1　系统模型图

7.2.2　网络系统中的攻击模型

具有动态拓扑、高移动性、开放性等特征的网络环境面临着许多恶意威胁，而来自内部的威胁最难以预防。这些网络中的恶意节点会以多种方式破坏网络稳定，影响边缘服务器正常工作和正常节点决策，摧毁网络的信任基石。本节考虑的主要攻击模型如下。

(1) 简单攻击：攻击者向网络中的其他节点提供恶意服务，如发送错误消息或错误的计算结果，影响其他节点的决策。

(2) 诋毁攻击：在接受其他节点的服务后，恶意节点会给予服务提供方与实际服务质量相反的评价，使服务提供方的信誉不正常下降，使其不被其他节点信赖，进而提升恶意节点在网络中的话语权。

(3) 策略攻击：狡猾的恶意节点为了避免被检测出来，会采用间歇性的恶意行为，如采用较低的攻击频率实施简单攻击或诋毁攻击，这样既达到了攻击的目的，也增加了信任管理的检测难度。

7.3 区块链使能的边缘协同服务

去中心化的区块链通常采用共识机制来保证系统运作的一致性和公平性。但是共识机制将浪费大量资源及时间，使系统性能较差，且去中心系统架构易受女巫攻击，无法满足节点高速移动性及低时延的要求。因此，本节并未采用完全去中心化的架构和共识机制，而是利用区块链技术来限制中心服务器(云服务器)的能力，使中心服务器无法获得非必要的权限，在充分保障用户隐私的同时保证信用记录的可溯源、不可篡改和透明性。

在本节所提体系中，节点和边缘服务器会在认证中心进行注册，网络中服务请求者在接受服务提供者提供的服务后，会为服务提供者评分，评分分为好评、中评、差评三个等级。具体的协作过程如下。

(1) 密钥分配。认证中心为每一个边缘服务器分配密钥对，为每一个节点分配多对密钥，一对用于互相信赖的节点间通信，一对用于匿名协作，其余备用。

(2) 协作请求。节点 A 拟请求周边节点的协作。如 A 周边没有能提供服务的好友，则向边缘服务器获取周边节点信息，并计算节点信誉值，向合适的节点 B 请求服务。

(3) 同意协作。节点 B 同意向 A 提供服务，并发送服务提供证据到 A。

(4) 服务接受确认。A 向 B 发送服务接受证据。A 和 B 建立协作。

(5) 服务评价。服务结束后，A 对 B 打分，并将服务提供证据和服务评价证据经由边缘服务器发送到云服务器。

(6) 记录上链。云服务器验证服务提供证据和服务评价证据的合法性与时效性，周期性地将通过验证的记录打包上链。

(7) 评价超时。如果 A 未在规定时间内给 B 打分，B 上传服务提供证据和服务接受证据，由云服务器默认好评。

本章涉及的专用概念解释如下。

(1) 服务请求证据。这是服务请求者向协作服务节点出示的服务请求的证据，包括服务请求者公钥 K_A、服务请求类型(service type，ST)、服务请求时间(request time，RT)、请求序号(request sequence number，RSN)、服务请求内容(request content，RC)以及签名。

签名生成规则如下：

$$\text{sig}_{\text{A1}} = \text{Signature}_{\text{A}}\left(\text{Hash}\left(\text{ST+RT+RSN}\right)\right) \tag{7.1}$$

(2)服务提供证据。这是服务提供者向服务请求者出示的服务提供的证据，主要包括服务请求者公钥 K_{B}、服务请求类型 ST、服务请求时间 RT、服务提供时间(service provide time，SPT)、服务流水号(service serial number，SSN)、签名 sig_{A1} 和 sig_{B}。

签名生成规则如下：

$$\text{sig}_{\text{B}} = \text{Signature}_{\text{B}}\left(\text{Hash}\left(\text{SPT} + \text{SSN} + \text{sig}_{\text{A1}}\right)\right) \tag{7.2}$$

(3)服务接受证据。这是服务请求者 A 向服务提供者提供的服务接受证据，包括服务提供证据、服务接受时间(service receive time，SRT)和新的签名 sig_{A2}。服务接受证据需同时发送给本地边缘服务器和服务请求者，服务请求者可以询问本地边缘服务器是否收到该证据，如未收到可拒绝提供服务。

$$\text{sig}_{\text{A2}} = \text{Signature}_{\text{A}}\left(\text{Hash}\left(\text{SRT} + \text{sig}_{\text{B}}\right)\right) \tag{7.3}$$

(4)服务评价证据。这是服务请求者 A 向边缘服务器发送的服务评价的证据，包括服务接受证据、评价分数 SC 和签名 sig_{A3}。

$$\text{sig}_{\text{A3}} = \text{Signature}_{\text{A}}\left(\text{Hash}\left(\text{SSN} + \text{SC}\right)\right) \tag{7.4}$$

(5)服务记录打包。云服务器收到的服务请求者发送的证据(或服务提供者发送的证据)，经验证后打包上链。打包内容包括 K_{A}、K_{B}、ST、RT、RSN、SPT、SSN、sig_{A1}、sig_{A2}、sig_{A3}、sig_{B}、SC、边缘服务器收到评价的时间、边缘服务器签名等。

7.4　区块链使能的边缘信任管理

7.4.1　信任评估

狄利克雷分布是多项分布的共轭先验，是贝塔分布在高维分布的扩展。本节基于狄利克雷分布的信任模型考虑了评价等级的多样性，包含好评、中评、差评，而不是只包括成功和失败两种等级。

令服务等级 c 包含 K 类评价。$\boldsymbol{\pi} = (\pi_1, \cdots \pi_k, \cdots, \pi_K)$ 为一个概率向量，而 π_k 是第 k 类评级的概率，即 $p(c = k) = \pi_k$。考虑 c 服从狄利克雷分布，有

$$\sum_{k}^{K} \pi_k = 1，\quad \pi_k > 0， \tag{7.5}$$

$$p(c \mid \boldsymbol{\pi}) = \prod_{k=1}^{K} \pi_k^{\delta(c,k)} \tag{7.6}$$

其中，$\delta(c,k)$ 为指示函数，即 $c = k$ 时，$\delta(c,k)$ 为 1，否则为 0。

令 $\boldsymbol{c} = \{c_1, \cdots, c_N\}$ 表示 N 个独立同分布 IID 的等级。

$$p(\boldsymbol{c} \mid \boldsymbol{\pi}) = \prod_{k}^{K} \pi_k^{N_k} \tag{7.7}$$

$$N_k = \sum_{i=1}^{N} \delta(c_i, k) \tag{7.8}$$

$\boldsymbol{\alpha} = [\alpha_1, K, \alpha_K]$ 为浓度参数，其中 α_k 为 $\boldsymbol{c}$ 出现前的虚拟计算。

$$p(\boldsymbol{\pi} \mid \boldsymbol{\alpha}) = \frac{1}{B(\boldsymbol{\alpha})} \prod_{k=1}^{K} \pi_k^{\alpha_k - 1} \tag{7.9}$$

$$\boldsymbol{\pi} \mid \boldsymbol{\alpha} \sim \mathrm{Dir}(\boldsymbol{\pi} \mid \boldsymbol{\alpha}) \tag{7.10}$$

$B(\boldsymbol{\alpha})$为标准化的多元贝塔函数。

$$B(\boldsymbol{\alpha}) = \frac{\prod_{i=1}^{K} \Gamma(\alpha_i)}{\Gamma(\sum_{k=1}^{K} \alpha_k)} \tag{7.11}$$

由式(7.8)和式(7.10)，可以得到

$$p(\boldsymbol{c},\boldsymbol{\pi}|\boldsymbol{\alpha}) = \frac{1}{B(\boldsymbol{\alpha})} \prod_{k=1}^{K} \pi_k^{\alpha_k + N_k - 1} \tag{7.12}$$

考虑$\mathrm{Dir}(\boldsymbol{\pi} \mid \boldsymbol{\alpha} + \boldsymbol{c})$的概率密度函数如下：

$$\frac{1}{B(\boldsymbol{\alpha} + \boldsymbol{c})} \prod_{k=1}^{K} \pi_k^{\alpha_k + N_k - 1} \tag{7.13}$$

$$\begin{aligned} p(\boldsymbol{c}|\boldsymbol{\alpha}) &= \int_{\boldsymbol{\pi}} p(\boldsymbol{c},\boldsymbol{\pi} \mid \boldsymbol{\alpha}) \\ &= \frac{B(\boldsymbol{\alpha} + \boldsymbol{c})}{B(\boldsymbol{\alpha})} \int_{\boldsymbol{\pi}} \frac{1}{B(\boldsymbol{\alpha} + \boldsymbol{c})} \prod_{k=1}^{K} \pi_k^{\alpha_k + N_k - 1} \\ &= \frac{B(\boldsymbol{\alpha} + \boldsymbol{c})}{B(\boldsymbol{\alpha})} \end{aligned} \tag{7.14}$$

故

$$\begin{aligned} p(\boldsymbol{\pi}|\boldsymbol{\alpha},\boldsymbol{c}) &= \frac{p(\boldsymbol{c},\boldsymbol{\pi}|\boldsymbol{\alpha})}{p(\boldsymbol{c}|\boldsymbol{\alpha})} \\ &= \frac{1}{B(\boldsymbol{\alpha} + \boldsymbol{c})} \prod_{k=1}^{K} \pi_k^{\alpha_k + N_k - 1} \end{aligned} \tag{7.15}$$

所以有

$$\boldsymbol{\pi}|\boldsymbol{\alpha},\boldsymbol{c} \sim \mathrm{Dir}(\boldsymbol{\pi} \mid \boldsymbol{\alpha} + \boldsymbol{c}) \tag{7.16}$$

其边缘分布为

$$\pi_1|\alpha,c \sim \mathrm{Dir}(\pi_1 \mid \alpha_1 + N_1, \alpha_2 + N_2 + \cdots + \alpha_K + N_K) \tag{7.17}$$

$$E(\pi_1 \mid \boldsymbol{\alpha} + \boldsymbol{c}) = \frac{\alpha_1 + N_1}{\sum_{k=1}^{K} \alpha_k + \sum_{k=1}^{K} N_k} \tag{7.18}$$

对于任意的等级k，其均值为

$$E(\pi_k) = \frac{\alpha_k + N_k}{\sum_{i=1}^{K} \alpha_i + \sum_{i=1}^{K} N_i} \tag{7.19}$$

7.4.2 信任回归

牛顿冷却定律建立了温度与时间之间的函数关系，构建了一个指数式衰减的过程，常被用于热门文章排行中。在本系统中，服务等级是有时间新鲜度的，越新鲜的评论越能准

确反映节点当前的信誉度，等级的重要性是随时间指数衰减的。在本章提出的架构中，服务器每 X 分钟打包一个区块，记录前 X 分钟收到的所有等级，这个过程称为一个轮次。

本节假设网络节点在第 m 轮交互时，共获得 k 类等级的数量(热度)为 $r_k(m)(m\geqslant 1)$，$r_k(m)$ 在第 $n(m\leqslant n)$ 轮的余热(残余影响)为 $r_k(n,m)=r_k(m)h_k(n-m)$，其中，$h_k(n)=\mathrm{e}^{-\beta_k n}$ 是第 k 类评价等级的衰减函数，β_k 为衰减因子。则在第 n 轮协作中，第 k 类评价等级的有效数量(热度)为

$$\begin{aligned}N_k(n)&=\sum_{m=1}^{n}r_k(n,m)\\&=\sum_{m=1}^{n}r_k(m)h_k(n-m)\\&=\sum_{m=1}^{n}r_k(m)\mathrm{e}^{-\beta_k(n-m)}\end{aligned}\tag{7.20}$$

下一次协作获得 k 类评价等级概率的数学期望是

$$E(\pi_k(n))=\frac{\alpha_k+N_k(n)}{\sum_{i=1}^{K}\alpha_i+\sum_{i=1}^{K}N_i(n)}\tag{7.21}$$

若长时间没有评论，信誉度会逐渐回归到初始值，即 $E(\pi_k(0))=\dfrac{\alpha_k}{\sum_{i=1}^{K}\alpha_i}$。

7.4.3　惩罚撤销

本章所指恶意者包括恶意评价者和恶意服务提供者，恶意值包括恶意评价者信誉和恶意服务提供者信誉。根据节点得到好、中、差等级的轮次和数量，计算出节点的恶意值，并根据恶意值的大小对节点进行惩罚。系统首先设置两个参考阈值，分别为封禁阈值和回归阈值。封禁阈值表示节点会被系统封禁的恶意值大小，而回归阈值表示节点可以重新回归到该网络的恶意值大小。

当节点的恶意值高于封禁阈值时，会被判定为恶意节点，并被系统封禁，不能请求或提供服务；随着时间的推移，其恶意值逐渐降低，当其小于回归阈值时，系统解除其封禁，允许其回归网络。但是当其恶意值高于封禁阈值时，又会被判定为恶意节点。节点每被判为一次恶意节点，其回归机会值减 1，当回归机会值为 0 时，即使其恶意值小于回归阈值，也不能回归网络。

7.4.4　加权随机

当节点拟请求服务时，会根据距离随机选择服务请求的对象。令候选节点距离服务请求者的距离为 $r(r<r_{\max})$，其中，$r_{\max}$ 为允许请求服务的最大距离。考虑电磁波信号功率与距离的平方成反比，感知信号的强度具有对数特性，将候选节点的权重设置为 $\lg(r_{\max}/r)^2$，服务请求者按节点权重从所有候选节点中随机选择一节点作为服务请求的对象。

7.5 区块链使能的边缘信任管理性能验证

7.5.1 边缘信任管理仿真环境

本节从服务提供的角度，将节点分为诚实服务提供者和恶意服务提供者；从服务评价的角度，将节点分为诚实评价者和恶意评价者。考虑现实情况，本节中的诚实服务提供者(诚实评价者)也可能是恶意评价者(恶意服务提供者)。诚实服务提供者和诚实评价者诚实地提供服务和给出评价。恶意评价者和恶意服务提供者按照 b 和 c 的概率给出恶意评价和提供恶意服务，其余情况则按 $(1-b)$ 和 $(1-c)$ 的概率诚实地给出评价和提供服务。

但考虑到网络环境中节点间通信客观上存在失败的可能性，即便服务提供者是诚实的，节点间通信仍有 a 的概率发生通信故障。故服务提供者获得的评价等级包括三个等级好评(成功协作)、中评(通信故障)、差评(恶意协作)。表 7.1 给出了不同类型对象协作时，服务提供者获得好评、中评、差评的概率。

表 7.1 不同协作情况下的 3 个评级的概率分布

评价者	诚实服务提供者	恶意服务提供者
诚实评价者	$[1-a,a,0]$	$[(1-b)(1-a),(1-b)a,b]$
恶意评价者	$[(1-a),(1-c)a,c]$	$[(1-c)(1-b)(1-a),(1-c)(1-b)a,b+c-bc]$

仿真采用 2017 年重庆市 24 小时出租车 GPS 数据集。对该数据进行初步处理后得到基于 288 个时间点的 11980 辆汽车时空数据集。为便于计算，本节没有直接计算车辆间的地理距离，而是使用车辆间的经纬度坐标进行替代。车辆 V_1 和 V_2 间的经纬度坐标距离 r 定义如下：

$$r=\sqrt{(x_1-x_2)^2+(y_1-y_2)^2} \tag{7.22}$$

其中，(x_1,y_1) 和 (x_2,y_2) 为车辆 V_1 和 V_2 的经纬度坐标。

为便于掌握本章参数设置情况，表 7.2 列出了仿真涉及参数的含义及设定值。

表 7.2 仿真参数含义及设定值

参数	含义	设定值
a	通信失败概率	0.3
b	恶意评价者恶意评价的概率	0.2
c	恶意服务者提供恶意服务的概率	0.2
P_{mr}	恶意评价者比例	0.15
P_{ms}	恶意服务提供者比例	0.15

续表

参数	含义	设定值
P_{r}	车辆请求服务的概率	0.3
$r_{\max}$	最大经纬度坐标距离	0.0015
$\boldsymbol{\alpha}=[\alpha_1,\alpha_2,\alpha_3]$	浓度参数	[1，1，1]
$\boldsymbol{\beta}=[\beta_1,\beta_2,\beta_3]$	好评、中评、差评的热度衰减因子	[0.1，0.15，0.1]
N_{chance}	回归机会	3
N_{epoch}	协作轮次	250

7.5.2　边缘信任管理仿真结果

本章提出的模型和对比实验模型均工作于区块链使能的节点间协作模式下。对比模型是基于信任模型的贝塔分布(beta distribution based trust models，BDTM)，由于区块链使能的信任管理模型的特殊性，BDTM 没有使用直接信任和间接信任。

1. 声誉分化

实验开始前，恶意节点和诚实节点都具有相同的声誉，但随着实验轮次的增多，两者的声誉开始出现分化。

本实验对比了在未使用惩罚机制的情况下，本章模型与对比模型的恶意值分化的速度。由于 BDTM 只支持差评和好评两个等级，则中评等级在 BDTM 中被视作差评。图 7.2 与图 7.3 给出了本章模型与对比模型下诚实节点与恶意节点恶意值变化的情况。

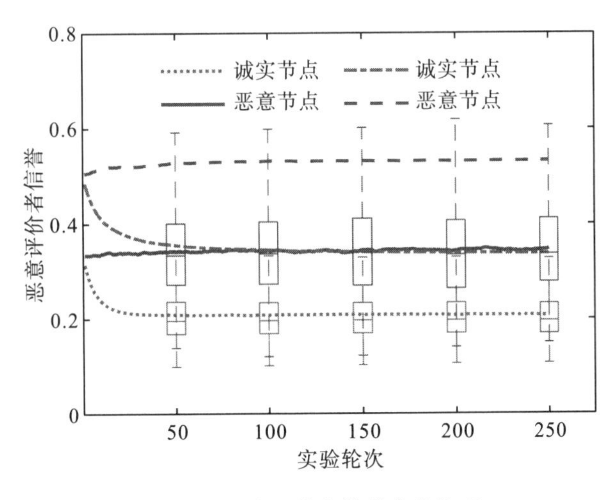

图 7.2　恶意评价者信誉变化情况

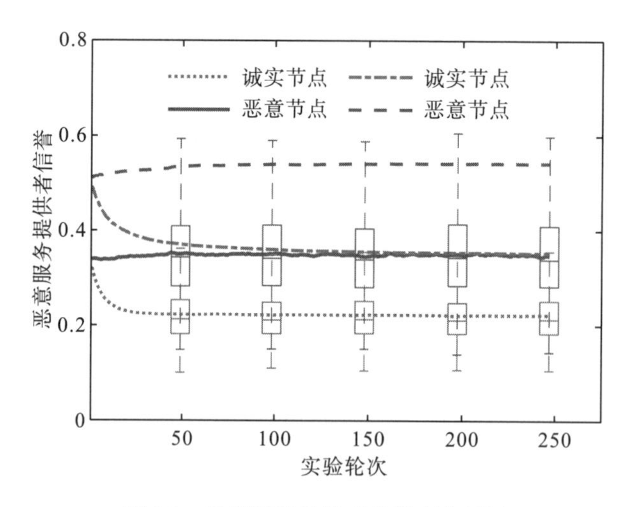

图 7.3 恶意服务提供者信誉变化情况

图 7.2 给出了恶意评价者信誉(bad reviewer reputation，bad RR)的变化情况。点线(点划线)和实线(虚线)代表本章模型(BDTM)诚实评价者和恶意评价者 bad RR 的均值。对于同类型节点,BDTM 比本章模型的 bad RR 更高,因为 BDTM 将通信故障也视作恶意行为,这样会增加诚实评价者被误判为恶意评价者的概率。随协作轮次的增加，恶意节点和诚实节点 bad RR 均值的差距逐渐增大并趋于稳定。虽然相较本章模型，BDTM 恶意节点和诚实节点的区分度更加明显，但并不能说明 BDTM 更适用于恶意节点鉴别。恶意节点鉴别的准确性将在实验 B 中进行分析。此外，所提模型比 BDTM 更快趋于稳定，说明所提模型在恶意检测的速度上更具优势。

图 7.3 给出了恶意服务提供者信誉(bad server reputation，bad SR)的变化情况。由于图 7.2 与图 7.3 高度相似，分析结果参考图 7.2，此处不再赘述。

2. 恶意节点鉴别

本实验对比了本章模型与 BDTM 在恶意节点鉴别方面的性能。本章模型中的封禁阈值都设为 0.5，回归阈值设为 0.35，即当节点的 bad RR 或 bad SR 超过封禁阈值时，该节点被判为恶意节点。而当被判为恶意节点的 bad RR 和 bad SR 都低于回归阈值，且其回归机会不为 0 时，该节点重新加入网络。BDTM 中的封禁阈值设为 0.465，由于未使用信任回归机制，BDTM 中的恶意值在没有协作的情况下不会发生变化。为了保障被误判为恶意的诚实节点回归网络的权益，本实验 BDTM 模型未对判为恶意的节点进行惩罚。

图 7.4 给出本实验模型和 BDTM 模型中的假阳性节点数量。虚线和深色色块代表本实验模型中的假阳性节点，实线和白色色块代表 BDTM 中的假阳性节点。本实验模型的假阳性节点在第 5 轮达到最大值 663，其后缓慢下降，第 22 轮后在 150～300 波动。由于 BDTM 将失败的通信视为不成功的协作,因此 BDTM 的假阳性节点在第 1 轮时超过 8300，随后随实验轮次的增加而快速下降。在接近第 250 轮时，假阳性节点与本实验模型相当。这说明 BDTM 将诚实节点误判为恶意的比例明显高于所提模型，且需要经过近 250 轮的协作才能达到和本实验模型相近的性能。

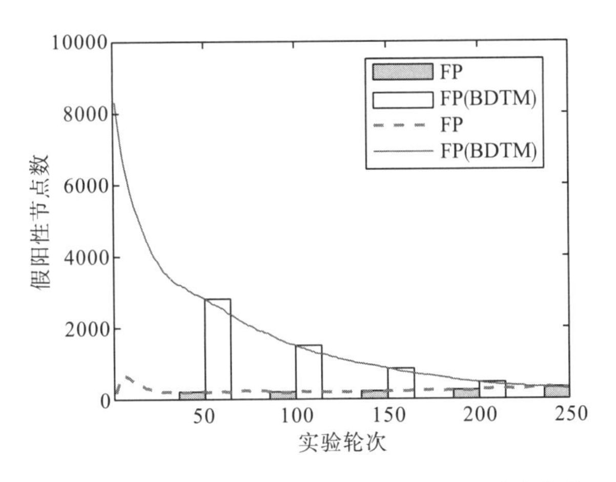

图 7.4　BDTM 与所提模型中的假阳性(FP)节点数量

图 7.5 给出本实验模型和 BDTM 模型中的假阴性节点数量。虚线和深色色块代表本实验模型中的假阴性节点，实线和白色色块代表 BDTM 模型中的假阴性节点。BDTM 的假阴性节点在第 30 轮达到峰值(852)，其后缓慢下降，第 250 轮时降为 370。本实验模型的假阴性节点在第 1 轮时达到峰值(2987)，其后逐渐下降，第 150 轮时与 BDTM 性能相当，第 250 轮时降为 69。在实验轮次较少的情况下，BDTM 对恶意节点的查全率要高于本实验模型，但这是在牺牲大量诚实节点协作权力(低查准率)的基础上得到的，且其假阴性节点数量随协作轮次的增加减幅较小。而随着实验轮次的增多，所提模型能在保持高查准率的同时，逐渐提高对恶意节点的查全率，并在第 150 轮时追上 BDTM，并在其后超过它。现实中，良好的信誉值和恶意值都是需要慢慢积累的，因此也需要较长的观察过程才能将恶意节点剔除。

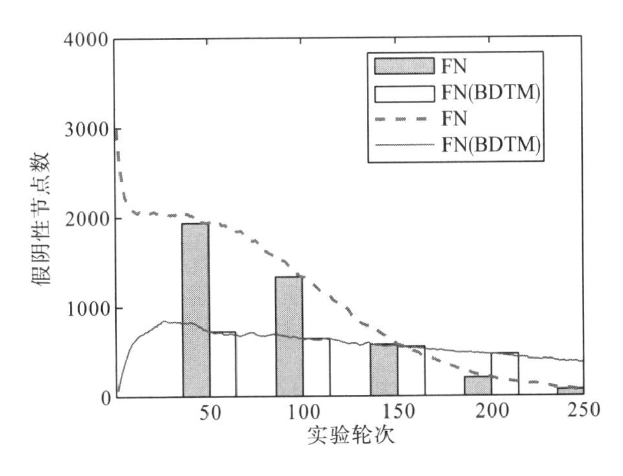

图 7.5　BDTM 与所提模型中的假阴性(FN)节点数量

3. 协作节点与协作成功率

本实验对比了所提模型与 BDTM 关于网络中的参与协作节点的数量与协作成功率性能，如图 7.6 所示。考虑 BDTM 的假阳性节点在第 150 轮以前比较高，BDTM 在第 150

轮后才采用惩罚机制，其余参数设置同实验 B。实线(虚线)和深色色块(白色色块)表示本章模型(BDTM)中参与协作节点的数量，以及它们在所有节点中的占比。实线(虚线)带方块的曲线表示协作的成功率，即成功协作次数与总实验轮次之比。由于未采用惩罚机制，BDTM 在第 150 轮前参与协作节点的数量比本章模型多，但在第 150 轮后数量锐减反而比本章模型少近 800。这是由于 BDTM 错误地将大量的假阳性节点踢出了网络，导致参与协作的节点数量比本章模型少。在协作成功率方面，BDTM 和本章模型均随协作轮次增加而缓慢上升，第 150 轮前 BDTM 因恶意节点的干扰而略低于本章模型，第 150 轮后两者相当，在 70%上下波动。虽然恶意节点占比近 30%，但由于其发起攻击的概率低(20%)，因此 BDTM 和本章模型的协作成功率相差不大。

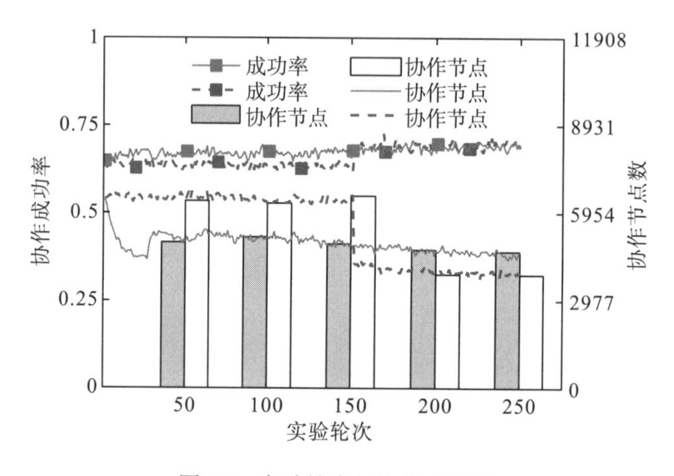

图 7.6　实验轮次与协作成功率

7.6 本章小结

本章所提区块链使能的边缘信任管理模型，采用分层的架构设计和区块链技术，避免传统认证技术和信任管理模型在网络应用中性能不足，实现公开、公平和可信的信任管理。狄利克雷、信任回归和惩罚撤销等机制的应用，使模型更能适用于网络中复杂恶劣的通信环境，更能客观准确地反映节点的真实信任状况，更能维护正常节点的权益，保障节点协作的友好性和可持续性。真实数据集上的仿真结果表明了所提模型的可靠性和优越性。

参考文献

[1] Xiao Y，Jia Y，Liu C，et al. Edge computing security：State of the art and challenges[J]. Proceedings of the IEEE，2019，107(8)：1608-1631.

[2] Ranaweera P，Jurcut A D，Liyanage M. Survey on multi-access edge computing security and privacy[J]. IEEE Communications Surveys & Tutorials，2021，23(2)：1078-1124.

[3] Li X，Chen T，Cheng Q，et al. Smart applications in edge computing：Overview on authentication and data security[J].

IEEE Internet of Things Journal，2020，8(6)：4063-4080.

[4] Guo S，Hu X，Guo S，et al. Blockchain meets edge computing：A distributed and trusted authentication system[J]. IEEE Transactions on Industrial Informatics，2019，16(3)：1972-1983.

[5] Malik S，Dedeoglu V，Kanhere S S，et al. Trustchain：Trust management in blockchain and iot supported supply chains[C]//2019 IEEE International Conference on Blockchain（Blockchain）. IEEE，2019：184-193.

[6] 莫梓嘉，高志鹏，杨杨，等. 面向车联网数据隐私保护的高效分布式模型共享策略[J]. 通信学报，2022，43(4)：83-94.

[7] Wang J，Zhang Z，Wang M. A trust management method against abnormal behavior of industrial control networks under active defense architecture[J]. IEEE Transactions on Network and Service Management，doi：10. 1109/TNSM. 2022. 3173398.

[8] Yao X，Zhang X，Ning H，et al. Using trust model to ensure reliable data acquisition in VANETs[J]. Ad Hoc Networks，2017，55：107-118.

[9] Pham T N D，Yeo C K. Adaptive trust and privacy management framework for vehicular networks[J]. Vehicular Communications，2018，13：1-12.

[10] Zhang H，Liu J，Zhao H，et al. Blockchain-based trust management for Internet of vehicles[J]. IEEE Transactions on Emerging Topics in Computing，2020，9(3)：1397-1409.

[11] Javaid U，Aman M N，Sikdar B. A scalable protocol for driving trust management in Internet of vehicles with blockchain[J]. IEEE Internet of Things Journal，2020，7(12)：11815-11829.

[12] Fan K，Pan Q，Zhang K，et al. A secure and verifiable data sharing scheme based on blockchain in vehicular social networks[J]. IEEE Transactions on Vehicular Technology，2020，69(6)：5826-5835.

[13] Yang Z，Yang K，Lei L，et al. Blockchain-based decentralized trust management in vehicular networks[J]. IEEE Internet of Things Journal，2018，6(2)：1495-1505.

[14] Kang J，Yu R，Huang X，et al. Blockchain for secure and efficient data sharing in vehicular edge computing and networks[J]. IEEE Internet of Things Journal，2018，6(3)：4660-4670.

[15] Fernandes C P，de Simas I，de Mello E R，et al. Rs4vanets-a decentralized reputation system for assessing the trustworthiness of nodes in vehicular networks[C]//2015 International Wireless Communications and Mobile Computing Conference（IWCMC）. IEEE，2015：268-273.

[16] 杨小东，席婉婷，王嘉琪，等. 基于签密和区块链的车联网电子证据共享方案[J]. 通信学报，2021，42(12)：236-246.

[17] 董超，陶婷，冯斯梦，等. 面向无人机自组网和车联网的媒体接入控制协议研究综述[J]. 电子与信息学报，2022，44(3)：790-802.

[18] 刘雪艳，王力，郇丽娟，等. 车联网环境下无证书匿名认证方案[J]. 电子与信息学报，2022，44(1)：295-304.

第 8 章　内容保护的边缘数据安全转发技术

边缘网络中，节点可利用自身移动形成相遇机会实现数据交换。但在双方节点通信前，需要建立完整的端到端路径。然而受限于节点的通信能力与移动特性，节点间的连接频繁中断，严重影响数据转发过程。这种具有间断连接特性的边缘网络体系结构中，节点依靠移动产生相遇机会，利用存储-携带-转发的模式，以多个节点协作的方式更加灵活地实现了数据转发[1,2]。然而，节点之间的协作以及无线信道的共享特性使得数据内容极易泄露给网络中的攻击者和协助转发的中继节点，造成节点隐私信息的泄露。显然，数据内容的保护是影响其应用的关键，如何实现边缘数据的安全转发是本章研究的重点。

8.1　数据安全转发技术研究现状及主要挑战

8.1.1　数据安全转发技术研究现状

通常，源节点希望其产生的数据内容仅被目的节点所获知，而不泄露给网络中的其他节点或是外部窃听者。在现有研究中，有关间断连接边缘网络的安全数据转发包含许多方面：Fan 等[3]为了解决中继网络的安全数据传输问题，提出了一种安全切换协议，该协议不仅可以降低信道估计复杂度，还能保持网络的稳定性和安全性。Dhurandher 等[4]探讨了一种使用工作量证明(proof of work，POW)共识机制的安全和去中心化方法，并提出了一种基于区块链的安全路由协议，该协议能够有效防止窃听、伪装、虫洞、黑洞等攻击。Du 等[5]提出了一种新的协作位置隐私保护方案。该方案在一个节点附近生成一定数量的虚拟节点，并允许虚拟节点和真实节点在一个扩大的区域内进行协调假名变化，使其从增强的位置隐私保护中获益。总的来说，数据安全转发技术按照是否存在基础设施，可分为两类问题来解决。

1. 存在基础设施的网络环境

对于存在基础设施的传统网络中，广泛应用密钥系统解决上述机密性保护的问题。在数据转发过程中，明文数据是需要被隐藏的信息，而通过设定好的密码系统可将明文数据加密为密文形式，根据加密算法所拥有的安全性保证数据安全传输。一般来说，密码系统包括算法函数和密钥两个部分。通用场景下，密钥一般由公钥基础设施生成，而加解密操作可通过边缘服务器等有计算能力的基础设施实现。数据转发前，明文数据通过密钥和加密函数转变为密文形式进行传输。传输完成后，数据拥有者可通过密钥和解密函数获得明文数据从而实现数据安全转发。密码系统一般分为对称加密和非对称加密。对称加密使用相同的密钥进行加解密操作，运算速度快但需要通信双方提前协商会话密钥，并保证双方密钥不能泄露。非对称加密使用不同的密钥进行加密和解密操作，运算速度较慢但相对更加安全，现有研究一般根据实际情况选择不同类型的加密算法。

2. 缺乏基础设施的网络环境

对于缺乏基础设施的环境，研究人员提出并部署了一种边缘节点辅助的网络架构[6]，此种网络架构下主要包含两类节点，分别为普通节点和边缘节点。对于节点稀疏、运动频繁且资源受限的间断连接网络来说，边缘节点能够有效地协助普通节点完成数据转发，改善网络性能。此外，针对此种架构所设计的数据转发机制中，各个节点采用节点-边缘节点-节点的通信模式，不存在节点-节点的通信模式，因此，源节点的数据内容不会因协作转发而泄露给普通节点，一定程度上保障了数据内容的隐私安全。但其缺点也很明显，首先，此种方法无法防止监听信道行为所导致的数据内容泄露。其次，由于普通节点之间无法直接通信，其运动所产生的临时链路资源无法得到充分利用，导致网络资源利用率下降。

显然，此种带有间断连接特性的边缘网络中，隐私保护的设计需要充分考虑上述两个方面的问题，既需要充分保障数据的隐私性，还需要充分利用普通节点之间的通信机会，以最大化网络资源利用率。

8.1.2 数据安全转发技术主要挑战

在传统网络中，密钥管理用以保障通信安全，以非对称加密算法为例，网络中的用户使用各自的公私密钥对加密解密数据，以实现数据传输的机密性；发送方对数据进行签名，以实现数据传输的完整性、不可抵赖性、不可模仿性[7]；由可信任的第三方为网络中的合法用户发放证书、提供密钥服务，给予合法用户以合法的身份证明[8]。这些机制虽然能解决传统网络中的安全问题，但是在间断连接边缘网络中却因为网络的间断连接而难以直接应用，其主要面临以下挑战。

1. 高移动性

节点的快速移动使节点之间的间断连接成为边缘网络的常态，导致端到端的完整链路难以建立，节点之间只能依靠机会的相遇建立连接。在此种环境下，源、目的节点之间的安全信息交换困难，并且网络中又难以存在一个与各节点实时连接的可信任基础设施，用以为节点提供密钥查询等安全服务，因而，传统的密钥管理方式难以适用于间断连接边缘网络。并且，链路的间断连接特性使密钥分配困难，节点难以在无连接状态下获知通信对象的密钥信息。

2. 大时延

在具间断连接特性的边缘网络中，数据以存储-携带-转发的方式进行传递，数据经多个中继节点的转发最终到达目的节点，其用时远远超过传统网络。在此种条件下，要求较短返回时间和可靠路径的传统安全机制难以适用节点分布式运行，也不存在可信任的基础设施与各个节点保持实时连接，无法为节点提供密钥查询等安全服务。

8.2 数据转发网络模型

实际测量表明，带有间断连接特性的边缘网络具有“大世界，小世界”的特征[9]，组成网络的节点具有极强的社会属性，其社会关系使节点运动呈现出聚集特性，进而，整个网络从逻辑上可以划分为多个社区，网络中的节点在本地社区的活跃程度和在全局的活跃程度可以作为社区划分以及数据转发的依据。

普通节点中包括协作节点和不可信的好奇节点：前者遵守协议的规定，给予相遇节点真实的推荐数据内容，被动地获知其他节点的数据内容；后者的主要目的是窥探其他节点的隐私，其给予相遇节点虚假的信息或者篡改数据内容。边缘节点相对普通节点具有更强的存储能力、更充足的电量和更远的通信范围，此类节点对于普通节点是可信任的。由于其采用的是较为固定的移动轨迹，因而与普通节点类似，其边缘节点也对某一社区具有较大的归属程度。

典型的网络环境实例如图 8.1 所示，搭载着通信设备的公共汽车为网络中的边缘节点，其由于移动轨迹的差异而分别在不同的区域活动时间较长，并分别与同样在该区域活动较多的普通节点频繁地建立连接。为了保障通信的持续性，通常每个社区至少有一个本地边缘节点，它们在其所属社区具有较大的活跃度，但因其移动轨迹覆盖有限而不保证其在全局范围内有较大的活跃度。

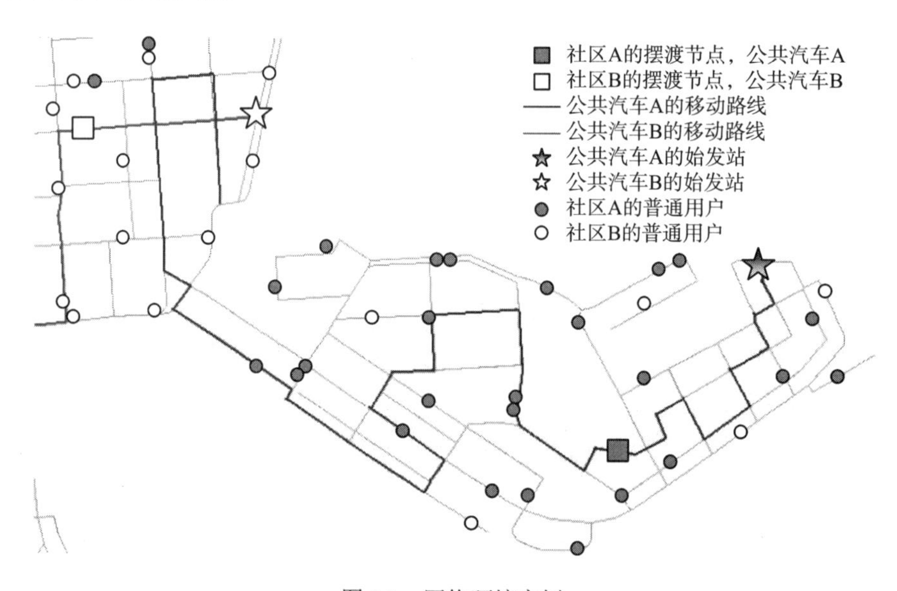

图 8.1　网络环境实例

8.3 边缘数据逐跳加密方法

边缘网络具有节点协作性及信道共享性的特点，当节点之间进行明文数据交换时，数据内容不但会泄露给共建临时连接的中继节点，而且还会泄露给共享同一无线媒介的其他节点。如前所述，传统的解决方法采用发送节点与接收节点协商的端到端加密方式，只有数据的目的节点能够解密并获知其内容，但在具间断连接特性的边缘网络中密钥分配困难，无法建立端到端的安全路径，数据的机密性无法得到保障。与端到端加密方式不同，逐跳加密方式可通过节点运动过程中所建立的临时安全链路执行数据的传输，进而将数据传输至目的节点。此种方式无须基础设施支持，易于在通信链路间断连接的特殊环境中实现，因此，本节采用逐跳加密的方式防止数据泄露给共享同一无线媒介的其他节点。然而，逐跳加密方式无法防止数据泄露给共建临时连接的中继节点。为了避免逐跳加密过程中的数据泄露，源节点只能等待与目的节点或可信任的边缘节点相遇并进行数据的安全传输，显然，此种方式将严重影响网络性能，无法充分利用节点运动过程中所建立的传输链路。因此，在逐跳加密之前，本节采用异或操作将明文数据切割为多个片段数据，以达到对原始数据进行隐藏的目的，在数据不泄露给中继节点的前提下，提高下一跳节点选择的灵活性。可见，数据切割的方式中，中继节点仅能获知原始数据的部分片段，使得其无法对数据进行还原，达到了隐藏原始数据的目的；同时，源节点不需要与目的节点进行安全信息交换，也无须预置任何节点的密钥信息，显著地提高了数据隐藏的灵活性。

原始数据经过加密、切割、合成操作之后，无线媒介中所传输的密文数据包含三种类型：源节点对原始明文数据逐跳加密后所形成的完整原始密文数据，即 Origin 类型数据，此类数据直接发送给边缘节点，并且仅在边缘节点间进行交换；源节点对原始明文数据进行切割并逐跳加密后所形成的片段密文数据，即 Seg 类型数据，此类数据将被转发给与其相遇的普通节点；边缘节点对数据进行检验并针对目的节点加密后所形成的完整密文数据，即 Full 类型数据。

8.3.1　密钥交换

如前所述，为防止数据内容泄露给共享同一无线媒介的其他节点，本节对数据进行逐跳加密。普通节点之间使用迪菲-赫尔曼(Diffie-Hellman，D-H)协议[10]完成密钥的交换。D-H 密钥交换协议可以让双方在完全没有任何预置信息的条件下，通过不安全信道建立起共享密钥，并作为对称密钥用于信息加密。节点 A 和 B 在相遇时，根据符合 D-H 协议的参数，随机生成并交换双方的公开值，进而节点 A 和 B 共同产生一对临时的对称密钥，并将其用于本次通信的加密。运用 D-H 协议能使两节点在没有对方任何预置信息的条件下建立临时的对称密钥，以在具间断连接特性的边缘网络环境中实现逐跳加密过程。此外，为了在资源受限的网络中高效地完成信息的加密解密过程，当完成临时对称密钥的交换后，节点采用广泛应用的数据加密标准(data encryption standard，DES)对数据进行对称加密。其密钥长度设定为固定的 56 bits，明文长度与密文长度相等，加密解密效率极高[11]，因此，其能有效适用于资源受限的边缘网络场景。虽然此种机制的密钥长度较短，存在被穷举破译的危险，但本节将其用于逐跳加密过程，节点之间每次建立临时连接时使用不同的对称密钥，某一密钥被破译并不会影响其他密文的机密性，因而可以降低穷举破译对网络安全的威胁。

为了使得网络中的边缘节点能够检验数据的完整性及其源节点身份的真实性，本节采

用基于椭圆曲线加密(elliptic curve cryptography，ECC)[12]的签名方法。ECC的主要优势在于其能在密钥长度较短的情况下取得较高的安全等级，且其所需存储空间小、加密解密较短信息时的资源消耗较低，适合间断连接边缘网络资源受限的特殊环境。通过网络中共享的符合ECC加密算法的参数，网络中的普通节点和边缘节点各自生成一对非对称密钥pk/sk，普通节点需要在初次与边缘节点相遇时向其注册自身公钥，实现简单的身份与公钥绑定，以用于之后边缘节点对数据签名的检验。另外，为了使到达目的节点的数据仅能被目的节点解密，并且目的节点能够确定该数据的合法性，即该数据已通过边缘节点的检验过程，网络中的边缘节点采用不同于普通节点之间的方式进行密钥交换，它们使用通信对象向其注册的公钥完成临时对称密钥的秘密交换过程。边缘节点在其通信范围内广播其公钥pk_F，普通节点或边缘节点A与其相遇时，发送$E_{pk_F}(K_{AF} \| pk_A)$给边缘节点，以同时完成临时对称密钥的交换和自身公钥的秘密注册过程，其中，K_{AF}表示A随机生成的对称密钥，pk_A表示A的公钥，$E_a(*)$表示使用密钥a对明文加密。边缘节点使用其私钥对接收的密文解密，获得$(K_{AF} \| pk_A)$的明文信息，此时，边缘节点使用对称密钥K_{AF}以及DES分组加密算法完成本次通信的逐跳加密，并收集普通节点公钥pk_A，以用于完成以下工作：①生成仅由边缘节点生成，且仅能由目的节点解密的密文数据。当边缘节点需要发送数据M给目的节点A时，其将查找是否持有该目的节点的公钥pk_A，若存在，则随机生成对称密钥K_{AF}，进而生成密文数据$E_{K_{AF}}(M) \| E_{pk_A}(K_{AF})$，将其转发给合适的相遇节点。目的节点$A$在接收到该密文数据后，可使用其私钥解密得到$K_{AF}$，进而解密得到数据$M$。由于节点$A$的私钥仅为节点$A$持有的秘密信息，因此该密文数据只有节点$A$能够解密；而节点$A$的公钥$pk_A$只秘密地告知过边缘节点，因此这个使用$pk_A$加密的密文数据一定来自可靠的边缘节点。②对数据进行源节点身份检验。当边缘节点得到一个原始数据时，若此时持有该数据中所声明的源节点公钥，则对该数据签名的生成者进行验证，过滤好奇节点冒充其他节点所生成的数据。

按照上述普通节点向边缘节点进行的公钥注册过程，在网络运行一段时间后，边缘节点能够获知其活跃社区中大部分普通节点的公钥信息。类似地，当现有节点需要更换密钥或新节点加入网络时，其同样按照上述方式向相遇的边缘节点更新、注册公钥。由于ECC加密算法在加密解密较长信息时计算耗能高、带宽要求高[7]，因此，本节使用临时对称密钥及简单的DES加密算法对较长的数据内容进行加密，而节点持有的非对称密钥主要用于生成签名，以及8.3.3小节所述的数据检验过程，以保障数据的完整性及其源节点身份的真实性。

8.3.2 密文内容生成

当源节点S生成原始数据m时，除了数据的文本内容(Content)，还需要附加一些必要信息，包括数据标识(message identifier，MID)、源节点(source node，SN)地址、目的节点(destination node，DN)地址、源节点公钥(pk_s)。可见，一个完整的数据可表示为：$\{\mathrm{MID} \| \mathrm{SN} \| \mathrm{DN} \| pk_S \| \mathrm{Content}\}$。

为了防止数据内容泄露给与其建立临时连接的普通节点，源节点采用异或方法将原始

数据切割为 k 个片段数据，以此进行原始数据的隐藏，方法如式(8.1)所示：

$$\begin{cases} C_i = m \oplus a_1 \oplus a_2 \oplus \cdots \oplus a_{k-1}, & i=1 \\ C_i = a_{i-1}, & 1 < i \leqslant k \end{cases} \tag{8.1}$$

式中，$a_1 \sim a_{k-1}$ 表示节点 S 生成的随机数。

由上式可知，某节点只有获得 $C_1 \sim C_k$ 全部 k 个片段，才能获知该数据的明文内容 m。为了使数据合法性能够得到检验，源节点还需为片段数据附上签名信息 $\text{sign}_i = \text{SIGN}_{sk_s}(C_i)$，其中 sk_s 表示源节点的私钥，$\text{SIGN}_a(*)$ 表示使用密钥 a 对信息进行签名。此外，为了进行有效的转发，源节点还需为片段数据附上一些必要的路由信息，其中包括数据标识、目的社区、源社区以及生存时间(time to live，TTL)，由此形成带有路由信息的明文片段数据 $m_i : \{\text{MID} \| \text{SC} \| \text{DC} \| \text{TTL} \| C_i \| \text{Sign}_i\}$，其中 $1 \leqslant i \leqslant k$。

为了防止好奇节点针对某个特定节点进行片段数据的收集，片段数据的明文路由信息中不包含目的节点和源节点的信息，因此片段数据的目的节点无法被中继节点所获知，中继节点根据其相关社区信息完成数据转发。片段数据一方面在未到达目的社区时被其他社区的边缘节点所收集，另一方面在到达目的社区后被交付于该社区的边缘节点，这些边缘节点在获得足够的片段数据后就能还原得到原始数据 m。由于原始明文数据 m 中包含目的节点信息，边缘节点由此生成带有明确目的节点地址的 Full 类型数据，进而继续完成该数据的投递。

当源节点与普通节点 A 相遇并选择其为中继节点时，源节点 S 使用与之随机生成的对称密钥 K_{SA} 加密 $m_i(1 \leqslant i \leqslant k)$。为了使得中继节点能够区分数据类型及原始数据的不同片段，源节点还需为密文附上数据类型标识 Segi，得到在信道中传输的密文片段数据 $\{\text{Segi} \| E_{K_{SA}}(m_i)\}$，进而将其发送给相遇节点 A。当源节点 S 与边缘节点相遇时，由于普通节点 S 以边缘节点为可信任对象，因此源节点使用与该边缘节点临时生成的对称密钥 K_{FS} 对原始数据直接加密，并附上代表原始完整数据的类型标识 Origin，得到在信道传输的完整原始密文数据 $\{\text{Origin} \| E_{K_{FS}}(m) \| \text{SIGN}_{sk_S}(m)\}$，进而将其发送给边缘节点。

8.3.3　内容合法性检验

网络中的片段数据需要由边缘节点进行合成、还原，此外，由于网络中的好奇节点可能篡改数据内容，甚至将冒充其他节点生成的非法数据注入网络，因此，边缘节点还需要对数据进行检验，以剔除恶意数据。具体流程如图 8.2 所示。

当接收到 Origin 类型数据时，边缘节点对其解密得到完整原始数据 m。此时，边缘节点与源节点直接相遇，必然能获知其公钥，因此，其能及时验证数据签名，丢弃非法数据；若接收到 Seg 类型数据时，边缘节点对其解密得到片段数据明文，之后根据持有数据的 MID 和数据类型标识还原原始数据 m：

$$m = C_1 \oplus \cdots \oplus C_k = (m \oplus a_1 \oplus \cdots \oplus a_{k-1}) \oplus a_1 \oplus \cdots \oplus a_{k-1} \tag{8.2}$$

由上式和异或算法的特性可知，当数据被切割为 k 个片段数据时，还原数据需要全部的 k 个片段数据，即使某节点获得部分片段数据，甚至是其中的 k-1 个片段数据，该节点也无法获知原始数据内容的任何明文信息，因此能有效保护其机密性。而切片数 k 越大，好奇节点收集到全部片段，还原窃取数据内容的难度就越大，机密性保护的效果就越好。

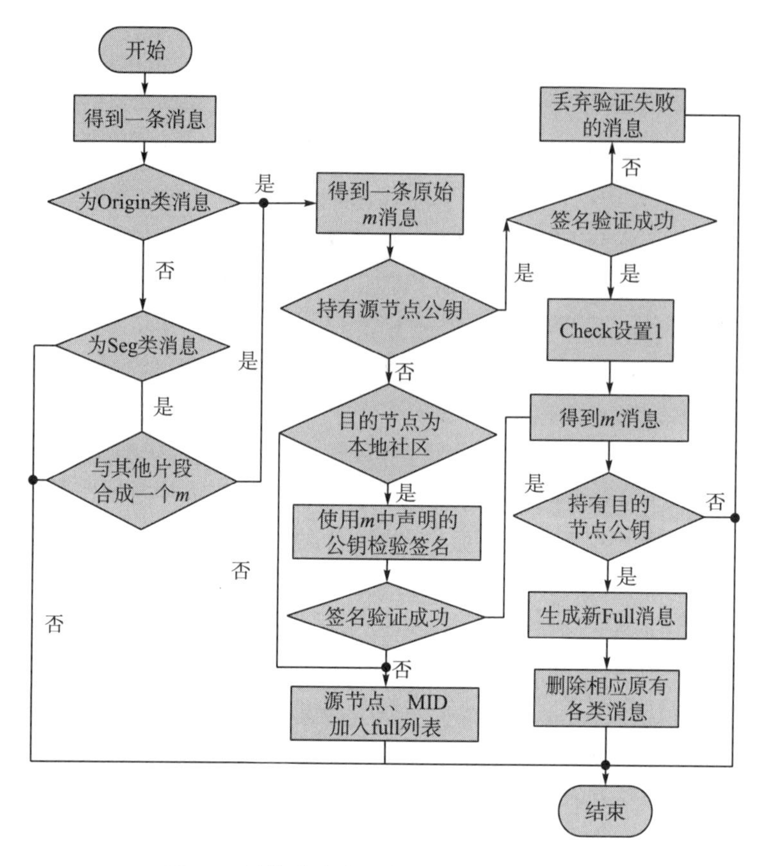

图 8.2 边缘节点获取数据后的处理流程图

当还原得到原始数据 m 之后，边缘节点能获知其源节点和目的节点信息，若此时的边缘节点持有该数据源节点的公钥，则首先检验数据签名，以达到及时丢弃非法数据的目的。然而，在目的社区远离源节点的情况下，由于与源节点的相遇概率较低，目的社区的边缘节点可能难以获得源节点公钥。显然，此种状态下的数据投递相对困难，当数据跨越网络到达目的社区时，若由于目的社区的边缘节点没有源节点公钥而放弃继续投递，此类数据的投递成功率将受到严重影响，同时也消耗了大量网络资源。因此，为了保证数据的投递，仅当该边缘节点属于数据的目的社区时其可继续对数据进行处理，即使用 m 中所声明的公钥进行数据完整性的签名验证。为了告知目的节点该数据是否经过了可靠的源节点身份验证，边缘节点使用注册公钥完成对数据 m 的签名验证时，将其验证标识位(Check)置 1：对于 Check 位为 1 的完整数据来说，其签名验证过程使用源节点的注册公钥，表示其源节点身份已得到可靠验证；相反，对于 Check 位为 0 的完整数据来说，其签名验证过程使用数据中所声明的公钥，表示仅能保证该数据的完整性，而不能确定其发送者的身份。

对数据 m 完成检验后，若边缘节点持有目的节点的公钥，则其生成 Full 类型数据：

$\{\mathrm{Full} \| \mathrm{MID}_{\mathrm{new}} \| \mathrm{DN} \| \mathrm{DC} \| \mathrm{SC} \| \mathrm{TTL} \| E_{pk_D}(K_{FD}) \| E_{K_{FD}}(m') \| \mathrm{MAC}_{K_{FD}}(m')\}$。为了保证源节点的公钥不泄露给边缘节点以外的普通节点，边缘节点去除原始数据 m 中的源节点公钥信息，并为其加入 Check 标识位，最终得到数据 m' : $\{\mathrm{MID} \| \mathrm{SN} \| \mathrm{DN} \| \mathrm{Content} \| \mathrm{Check}\}$。为了保障数据 m' 在从边缘节点传输至目的节点过程中的完整性，边缘节点为其生成数据认证码(message authentication code，MAC)，即 $\mathrm{MAC}_{K_{FD}}(m')$。该认证码由 K_{FD} 对数据 m' 的摘要进行加密形成，目的节点可通过对其进行验证以确认数据的完整性。另外，网络中的好奇节点可能对某些特定节点的数据内容感兴趣，而 Full 类型数据明文部分有明确的目的节点信息，因此，当好奇节点得知某 Full 类型数据的目的节点正是其感兴趣的对象时，其可通过该 Full 类型数据的 MID，在网络中收集相应的 Seg 类型数据。为了防止好奇节点这种具有针对性的片段数据收集行为，Full 类型数据中的明文路由信息 $\mathrm{MID}_{\mathrm{new}}$ 采用由边缘节点生成的新数据标识。当目的节点接收到 Full 类型数据并完成解密时，其可通过所得到的 m' 数据获知原始的 MID，因此路由信息中数据标识的变化不会影响目的节点对该数据的接收。最后，由于 Full 类型数据是仅能由目的节点解密的完整密文数据，下游中继节点无须对其做包括逐跳加密在内的任何处理，直接等待合适的转发机会。

当边缘节点接收到新公钥时，边缘节点需要完成涉及该公钥的源节点签名检验、完整数据加密，尽可能生成 Full 类型数据，等待合适的转发机会，具体过程如图 8.3 所示。

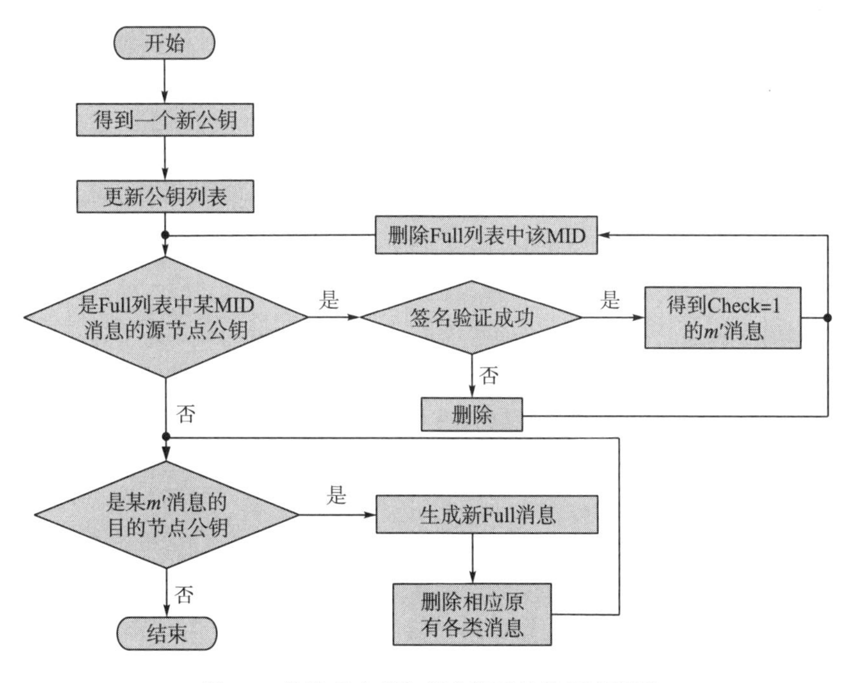

图 8.3　边缘节点获取新公钥后的处理流程图

8.3.4　内容转发与接收

由于 Origin 类型数据离开源节点后只会在边缘节点之间进行交换，同时普通节点只会接收到 Seg 类型数据和 Full 类型数据，其中普通中继节点接收到的 Full 类型数据是由

边缘节点生成，且仅目的节点能够解密的密文数据，因此，中继节点不需要对其做任何处理，当转发机会到来时直接转发。当中继节点接收到 Seg 类型数据时，对其解密得到片段明文，并与该片段数据的类型标识一同存储下来。例如节点 A 得到片段密文数据 $\{\mathrm{Segi} \| E_{K_{SA}}(m_i)\}$ 时，解密后将 m_i 与 Segi 一同存储下来，以等待合适的转发机会。

到达目的节点的数据一定是仅能被其解密的 Full 类型数据。目的节点使用自己的私钥解密得到与边缘节点共享的临时对称密钥，进而能用其解密得到完整数据 m'，并且通过 MAC 认证码检验数据完整性，完成数据的安全传输。由于目的节点的公钥仅能被网络中的边缘节点所获知，因此使用该公钥加密的数据一定来自边缘节点，也就一定经过边缘节点的检验。此外，目的节点可通过 Check 标识位获知该数据的源节点身份是否经过可靠验证，由此考虑是否信任该数据，或是在获得来自多个边缘节点的 Full 类型数据时，选择相信经过可靠验证的数据。

8.4 内容边缘保护的安全转发方法

网络中的边缘节点不仅负责检验数据的完整性、源节点身份的真实性，还协助源节点进行数据安全转发。边缘节点主要通过接收源节点所发片段数据进行原始数据的隐藏。具体地说，源节点以切割方式进行数据隐藏时，其实现的条件是片段数据需经不相交的路径到达边缘节点，以此使普通节点不能获得原始数据的多个片段数据，进而防止普通节点还原原始数据，泄露数据内容。具有间断连接特性的边缘网络中的数据转发机制要求两节点相遇时交换各自的摘要向量(summary vector，SV)，以数据标识为判断依据，避免将对方已持有的数据再次转发给对方。因此，协作节点不会同时获得 MID 相同的多个数据，也就无法获得原始数据的多个片段数据。但是主动探知隐私的好奇节点却会给予相遇节点虚假的 SV，如不包含任何片段数据信息的 SV，诱导相遇节点将其持有的片段数据转发给自己，以此在网络中收集片段数据，进而窥探其他节点的数据内容。为了防止好奇节点的片段收集行为，需要对片段数据的转发路径进行控制，使其在不相交的路径上进行传输，因此，转发决策要求节点对其相遇节点做以下检验：①检验对方 SV，初步防止给予对方已有 MID 的数据；②以节点的相遇信息为依据，检验节点相似性，避免相遇节点获得某一数据的多个片段数据；③检验对方给予的相遇信息是否可信。

由于网络中的边缘节点相对普通节点具备更强的存储能力、更充足的电量和更远的通信范围，网络中的普通节点在与边缘节点相遇时，希望能充分利用对方的网络资源，因此普通节点会将自己携带的所有数据转发给边缘节点。另外，两个边缘节点相遇时，它们会交换彼此携带的数据和公钥，以此为数据提供更有效的转发机会。

8.4.1 可信度计算

节点转发数据时，会首先判断其相遇节点类型。相遇节点包括边缘节点与普通节点。边缘节点是受信任的，不需要判断其可信度情况。而相遇普通节点时，节点会根据自身的观测及相遇节点推荐的相遇信息，累积网络中节点的历史相遇信息，即节点之间的累积相遇次数，并以此为依据估计节点之间的相似度，进而决定是否将相遇节点作为待转发片段数据的下一跳节点。在此过程中，若节点接收了较多好奇节点所伪造的虚假相遇信息，则节点所维护的历史相遇信息可能与实际情况出现较大差异，导致其做出错误的数据转发决定，使好奇节点获得原始数据的多个片段数据，进而威胁数据内容的机密性。因此，节点在接收到相遇节点的推荐信息时，需要判断该信息的可信度，以保障本地历史相遇信息的真实性。

节点根据自身所维护的相遇历史信息，判断相遇节点是否发动了伪造相遇信息的攻击行为。当相遇节点与本节点交换其伪造的相遇信息时，由于该虚假信息与本节点自身所维护的信息存在明显差异，本节点能够判断对方的恶意行为；而当相遇节点所交换的信息为真实相遇信息时，由于该交换信息与本节点所维护的信息具有较高的一致性，节点可认为对方未发动篡改相遇信息的恶意行为。因此，本节通过计算相遇节点推荐的相遇信息与节点自身所维护的历史相遇信息的相似性，判断相遇节点是否发动了伪造相遇信息的攻击行为。

考虑到间断连接特性所带来的网络信息更新滞后问题，若单纯地以各节点间的相遇次数来对比相似度，节点可能因长时间无法更新相遇信息而产生误判。而余弦相似度能够反映出节点在给定时间内与其他节点相遇的趋势而不是具体的次数，其通过将两条相遇信息看作是 n 维空间上的向量，并通过计算它们之间夹角的余弦值来度量其相似性。因此其适用于间断连接边缘网络的特殊环境。由上所述，本节考虑使用余弦相似度方法计算相遇节点给予的相遇信息和本节点所维护的历史相遇信息的相似程度，进而估计相遇节点给予信息的可信度。

节点 j 的相遇节点 i 所给予的相遇信息向量的可信度计算方法如式(8.3)所示：

$$C_i = \cos(\boldsymbol{X}_i, \boldsymbol{X}_j) = \frac{\boldsymbol{X}_i \cdot \boldsymbol{X}_j}{\|\boldsymbol{X}_i\| \cdot \|\boldsymbol{X}_j\|} \tag{8.3}$$

其中，$\boldsymbol{X}_i$ 为相遇节点 i 给予的相遇信息向量；$\boldsymbol{X}_j$ 为本节点 j 通过自身观测所获得的节点 i 的相遇信息向量。

节点 i 的相遇信息向量 $\boldsymbol{X}_i$ 可表示为 $(N_1 \quad N_2 \quad \cdots \quad N_a \quad \cdots \quad N_n), n \leqslant \text{Num}$；$N_a$ 表示节点 i 与节点 a 的相遇次数；Num 表示网络中的总节点数。对于节点 i，相遇信息向量 $\boldsymbol{X}_i$ 的维护依靠自身对相遇的记录；而对于其他节点，$\boldsymbol{X}_i$ 的维护依靠与相遇节点进行有关节点 i 的相遇信息交换。相似度 C_i 表示相遇节点 i 所提供相遇信息的可信度，当 C_i 大于阈值 C 时，则认为相遇节点 i 给予的相遇信息可信，并更新自己的历史相遇信息，继续与其进行数据交换。

如前所述，网络的间断连接特性将导致数据传输时延较大，信息更新滞后，网络中的节点可能由于活跃程度、相遇情况的不同，自身维护的历史相遇信息矩阵的更新频率出现差异，进而使各节点所计算的相遇信息可信度并不相同，显然，固定的阈值难以适应各节点在可信度数值区间上的差异，由此产生误判。由上所述，阈值 C 应该是一个受到节点相遇情况影响的动态值，其计算方法如式(8.4)所示：

$$C = \frac{\overline{C}_T + \overline{C}_{UT}}{2} \tag{8.4}$$

式中，$\overline{C}_T$为被节点判断为可信相遇信息的可信度平均值；$\overline{C}_{UT}$为被节点判断为不可信相遇信息的可信度平均值。

由上式可知，$\overline{C}_T$和$\overline{C}_{UT}$是各节点分布式计算得到的动态值，随着与其他节点的相遇而时刻变化。在预热阶段结束时，节点得到该阶段各相遇节点给予相遇信息的可信度，此时计算得到它们的平均值作为最初的阈值 C，并以此分别计算$\overline{C}_T$和$\overline{C}_{UT}$作为其各自的初始值。由式(8.4)可知，阈值 C 位于不可信相遇信息的可信度均值与可信相遇信息的可信度均值之间，能尽可能将虚假相遇信息和真实相遇信息分离，避免误判虚假相遇信息为可信相遇信息、真实相遇信息为不可信相遇信息。

8.4.2 内容交换

普通节点 A 与其他普通节点或边缘节点 B 相遇时，它们首先交换生成临时对称密钥，之后在加密状态下交换双方的 SV、相遇信息向量以及节点活跃度。其中，节点活跃度能用于衡量节点的数据转发能力，其作为常见的数据转发依据，本节采用 Bubble Rap 机制中的方法对节点的活跃度进行估计。完成上述信息交换后，节点 A 与 B 执行 Full 类型数据的转发。由于普通节点包括好奇节点，会对转发内容产生威胁。所以数据内容交换分为普通节点和边缘节点两种情况讨论。

若所遇节点 B 为普通节点，则其可能是以探测数据隐私为目的的好奇节点，会给予虚假的相遇信息和 SV 以骗取片段数据。为了防止这种情况发生，本节点 A 根据 8.4.1 节所述，计算节点 B 所给予相遇信息的可信度。若其可信度 C_B 小于阈值 C，则节点 A 认为节点 B 给予了虚假的相遇信息，判断其为好奇节点，进而结束本次通信；相反，则节点 A 信任节点 B 给予的相遇信息，进而更新自己的历史相遇信息并继续数据交换。节点 A 根据 8.4.3 节所述的数据转发决策，得到发送给节点 B 的数据集合 $M = F \cup S$，其中 F 表示决定转发的 Full 类型数据集合，S 表示决定转发的片段数据集合。最后将集合 M 中的数据发送给 B，完成此次通信。

若相遇节点 B 为边缘节点时，考虑到边缘节点的资源优势以及可靠性。节点 A 认为边缘节点为可信任的对象，并希望充分利用边缘节点的网络资源，因此将自己携带的所有数据发送给边缘节点(自己生成的数据则以 Origin 类型数据的形式发送)，完成这次通信。

边缘节点 A 与普通节点或边缘节点 B 相遇时的信息交换过程与之类似。边缘节点 A 会对相遇的普通节点所提供的相遇信息进行可信度检验，以决定是否继续通信；而相遇节点 B 同样是边缘节点时，它们会进行所持有信息的交换，包括双方持有的相遇信息、公钥和数据。

8.4.3 转发决策

节点 A 相遇边缘节点时，其转发决策是直接转发所有数据。而相遇普通节点 B 时，节点 A 判断普通节点 B 所给予的相遇信息可信进而继续转发数据，其待转发数据需通过以下转发决策。Full 类型数据由于已经完成达到目的节点的加密，无须考虑好奇节点对其的收集行为，因此在通过 SV 判断、节点活跃度判断之后就能完成转发决策。而片段数据则还需要节点 A 为其做节点相似度检验。

社会关系使各节点的相遇对象和相遇频率呈现显著的差异性，因此，对这种差异性的检测能够获知节点社会属性之间的相似程度，进而由此估计节点在运动规律、相遇倾向、数据交换上的差异，即越相似的节点之间越容易相遇，并且与其相遇的节点也越为相近，所进行的数据交换也越为相似。待转发的数据是片段数据时，节点首先得到自身已知的、携带过该 MID 数据的节点集合 N，再以本节点的历史相遇信息为依据，计算相遇节点与它们的相似程度，若相遇节点与其中某一节点的相似程度过高，则认为相遇节点极有可能已获得该 MID 的片段数据，因而不将此片段数据发送给对方。

节点 A 通过其获得的 SV 以及自身的转发记录，能够维持持有各片段数据的节点信息列表，其中包含片段数据的 MID，以及持有该 MID 数据的节点集合 N。集合 N 由本节点自身的观测所得，其中包括本节点 A、向本节点转发该 MID 数据的节点、曾从本节点获得该 MID 数据的节点以及 SV 中包含该 MID 数据的节点。节点 B 与节点 $N_i \in N$ 的相似度同样使用余弦相似度公式计算，如式(8.5)所示：

$$SN_{BN_i} = \cos(\boldsymbol{X}_B, \boldsymbol{X}_{N_i}) = \frac{\boldsymbol{X}_B \cdot \boldsymbol{X}_{N_i}}{\|\boldsymbol{X}_B\| \cdot \|\boldsymbol{X}_{N_i}\|} \tag{8.5}$$

式中，$\boldsymbol{X}_B$ 为节点 B 给出的相遇信息向量；$\boldsymbol{X}_{N_i}$ 为节点 A 通过自身观测所获得的节点 N_i 的相遇信息向量。

若集合 N 中的节点与节点 B 的相似度大于阈值 SL，则认为相遇节点 B 已获得该 MID 数据的概率较高，因此不将待转发的片段数据发送给节点 B。即使节点 B 不曾获得该 MID 数据，但网络中既然存在一个或多个与之相似的节点持有该 MID 数据，此类节点可以完成与节点 B 相似的转发工作。因此，虽然节点 B 没有从本节点得到该数据，这也不会对该数据的投递造成太大影响，同时还能限制多余的数据转发所造成的网络资源浪费。因此，具体的转发决策过程如图 8.4 所示。如 8.4.1 小节所述，由于网络的间断连接特性，各节点的相遇信息更新频率产生差异，进而使所计算的节点相似度落在不同的数值区间，因此需要根据节点的相遇状态动态地调整阈值 SL。另外，当待转发片段数据在网络中的扩散程度较高时，其被好奇节点收集还原的概率也就更高，若继续保持对该数据的转发倾向，会使好奇节点易于完成对该数据的收集还原，特别是在切片数 k 较小时，因还原所需片段数越少数据内容越易泄露，因此，阈值 SL 还应受到待转发片段数据扩散情况的影响。由上所述，阈值 SL 的计算方法如式(8.6)所示：

$$SL = \frac{\overline{SN} + SN_{\max}}{2} \cdot \left(1 - \left(\frac{\mathrm{Num}_{\mathrm{Seg}}}{\mathrm{Num}_{\max}}\right)^k\right) \tag{8.6}$$

式中，$\overline{SN}$ 为节点累积计算的节点相似度平均值；$SN_{\max}$ 为节点累积计算节点相似度所得的最大值；$\mathrm{Num}_{\max}$ 为各片段数据的持有节点集合 N 中，最大集合的大小，$\mathrm{Num}_{\mathrm{Seg}}$ 为待转发片段数据的持有节点集合大小。

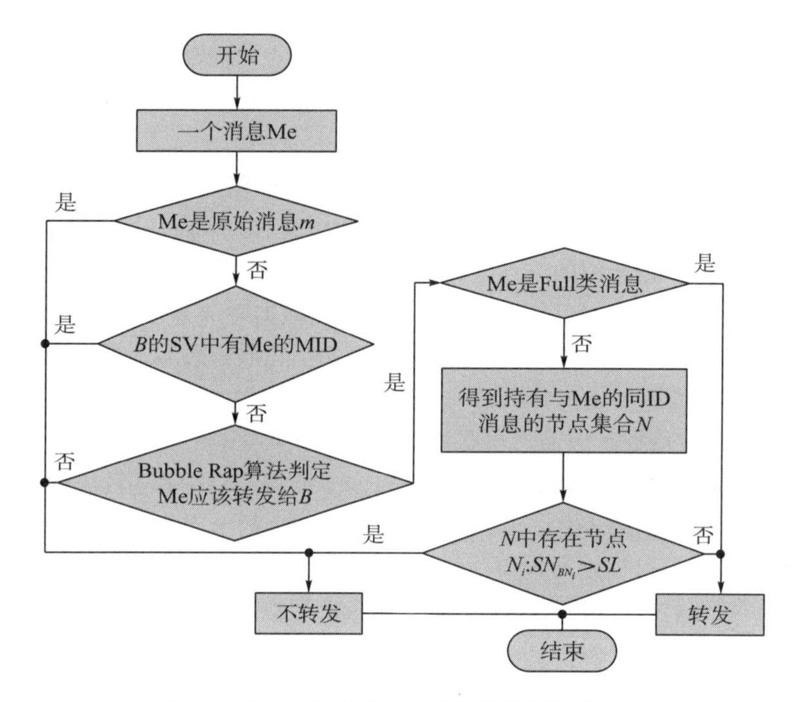

图 8.4　节点 *A* 与节点 *B* 相遇时的数据转发决策

$\overline{SN}$ 的初始值可根据初始历史相遇信息矩阵，计算节点两两之间相似度平均值所得。式(8.6)前半部分反映该节点通过自身维护的历史相遇信息所观测到的节点相似度情况，并取其较高的数值区间，以辨别节点相似度较高的情况。后半部分中 $\mathrm{Num}_{\mathrm{Seg}}$ 与 $\mathrm{Num}_{\max}$ 的比值表示本节点所估计的待转发数据在网络中的扩散程度，其 k 次方反映在该片段数据当前的扩散程度下，好奇节点获得 k 个片段数据而完成原始数据还原的概率。由式(8.6)可知，阈值 SL 一方面随节点的相遇所带来的历史相遇信息的更新和节点相似度的计算而变化，另一方面，随着该 MID 片段数据在网络中的扩散，阈值 SL 逐渐降低以限制该片段数据的转发，而切片数 k 越小，这种转发限制就越强。

8.5　内容保护的边缘数据安全转发性能验证

8.5.1　间断连接边缘网络仿真环境

本部分采用边缘网络仿真环境(opportunistic network environment，ONE)[13]验证所提出机制在保护数据机密性上的有效性，并检验提出机制对网络性能的影响，其中性能指标主要包括数据暴露率、成功投递率、平均时延和负载率四方面，具体仿真场景的参数设置如表 8.1 所示。由于社区划分不是本章的研究要点，而国内外研究人员已提出了一些相应的解决方案，如 K-CLIQUE[14]、NBDE[15]等，因此，在本节仿真中不考虑社区划分过程。

表 8.1　仿真参数设置表

参数设定	参数数值	参数设定	参数数值
普通节点(边缘节点)通信半径/m	10(100)	网络仿真时间/s	57600
普通节点(边缘节点)移动速度/(m/s)	0.5～1.5(4～6)	仿真热身时间/s	8000
普通节点(边缘节点)停留时间/s	0～10(10～80)	TTL/min	250
普通节点(边缘节点)缓存/MB	30(100)	数据间隔时间/s	25～35
普通节点(边缘节点个数)	100～220(4～6)	数据大小/kB	100～200

8.5.2　边缘数据安全转发仿真结果

1. 数据切割

本部分验证数据切割对网络性能所产生的影响以及其在数据内容保护上的效用，其中普通节点将充分利用边缘节点资源，其所采取的保护手段为数据切割和逐跳加密。好奇节点所采取的攻击手段为给予虚假的 SV 以骗取片段数据。

图 8.5～图 8.7 描述了在数据切片数 k 值不同的条件下，各项网络性能随节点数增加的变化。其中，投递率为成功投递的数据数占生成数据总数的百分比，平均时延为成功投递数据的投递耗时平均值。由于间断连接边缘网络中节点的主要能耗来自数据的传输和监听，占总能耗的 95%以上[16]，因此，仿真主要以数据传输的开销衡量网络资源的消耗，即负载率表示数据传输的冗余，定义为

$$P_{\text{overhead}} = (M_t - M_s) / M_s \tag{8.7}$$

式中，M_t 为数据副本总数；M_s 为成功投递的数据副本数。

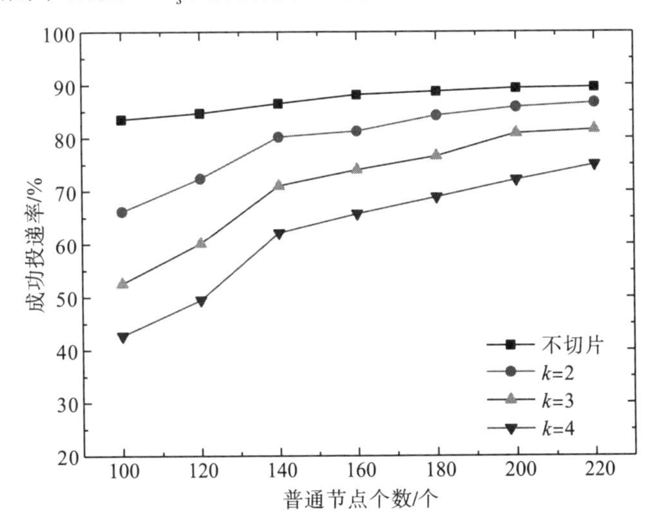

图 8.5　普通节点数对投递率的影响

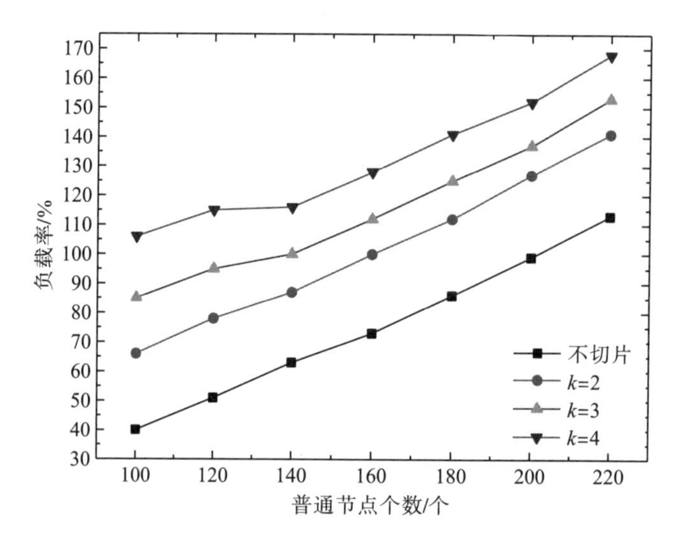

图 8.6 普通节点数对负载率的影响

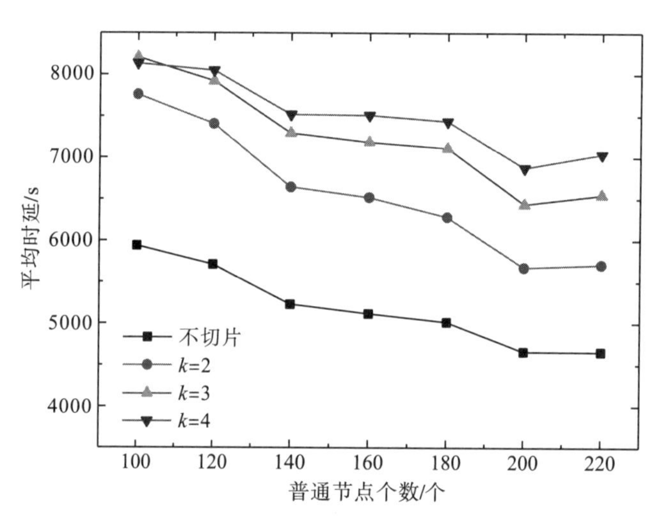

图 8.7 切片对平均时延的影响

由图 8.5～图 8.7 可见，随切片数 k 的增加，投递率、负载率和平均时延都会产生一定程度的恶化：网络中普通节点达到 140 个之后，投递率在 $k=2$ 时下降 3%～10%，在 $k=3$ 时下降 10%～20%，在 $k=4$ 时下降 20%～30%；负载率在 $k=2$ 时增加 20%～70%，在 $k=3$ 时增加 40%～110%，在 $k=4$ 时增加 60%～170%；平均时延在 $k=2$ 时增加 20%～30%，在 $k=3$ 时增加 35%～40%，在 $k=4$ 时增加 35%～55%。其主要原因在于随着切片数 k 的增加，边缘节点为了还原得到原始数据所需的片段数据数目也相应增加，对成功投递率和负载率产生了影响。同时，边缘节点为了等待足够的片段数据，需要的时间也会延长，因而增加了平均时延。由于在 $k=4$ 后网络性能的恶化过于剧烈，之后的验证过程中将不再考虑该情况。

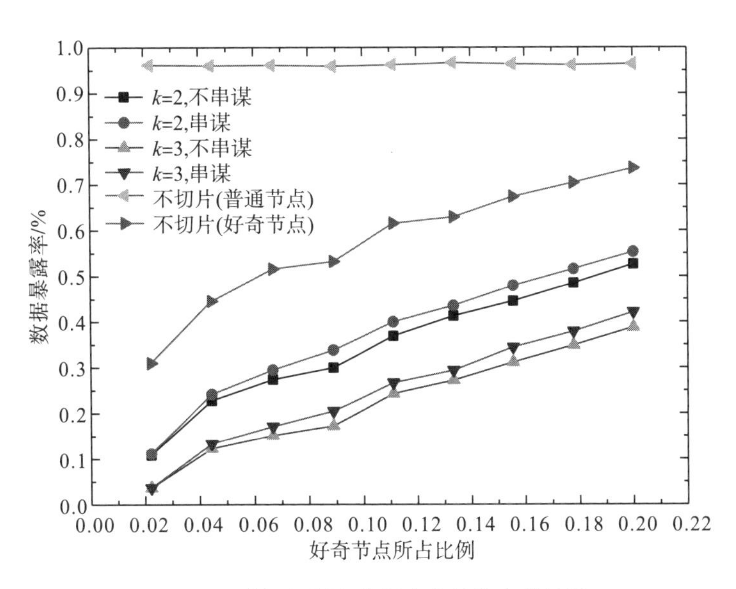

图 8.8　数据切割在数据内容保护上的效用

图 8.8 反映了包含 180 个普通节点的网络中，好奇节点比例与数据暴露率的关系，即暴露的数据占生成数据比例的变化情况。图 8.8 中的曲线除了考虑切片数 k 为 2 和 3 的情况之外，还分别考虑了好奇节点是否进行串谋行为：两个好奇节点相遇时，若采用串谋攻击，则交换彼此所携带的片段数据。另外，在不进行数据切片和逐跳加密时，完整明文数据在无线信道中传输可能暴露给非边缘节点的中继节点以及信道窃听者，图 8.8 还考虑了在不进行数据切割和逐跳加密的情况下，数据暴露给所有普通节点(包括协作节点和好奇节点)和仅暴露给好奇节点的情况。

由图 8.8 可见，随着网络中好奇节点所占比例的增加，数据暴露率也随之增加。在不对数据进行切片和逐跳加密的情况下，数据暴露给所有普通节点的概率接近 100%，且不随好奇节点数增加而明显变化；数据暴露给好奇节点的概率随好奇节点所占比例的增加而增加，由 30%上升到 70%。在同样条件下，本章提出机制在切片数 k 为 2 时比为 3 时的数据暴露率更高，其主要原因在于对于好奇节点来说，切片数 k 越大时，需要获得更多的片段数据以还原窃取原始数据的明文内容。而好奇节点在串谋的情况下窃取数据的能力相比不串谋时更强，其主要原因在于好奇节点之间的片段数据交换为其带来更多还原原始数据的机会。值得注意的是，即使当 k=2 时，如果此刻网络内部不存在主动攻击的好奇节点，此时的数据暴露率等于 0。

2. 节点相似度

本部分验证相遇节点相似度与其是否持有待转发数据的关系。图 8.9 描述了待转发数据的集合 N 中各节点与相遇节点的相似度，以及其最大值落在各个数值区间的次数。两条曲线分别表示相遇节点获取过该 MID 数据和没有获取过该 MID 数据的两种情况。此时的网络中有 160 个普通节点。

由图 8.9 所示结果可知，当相遇节点获取过该 MID 数据时，其节点相似度最大值多数落在较大数值区间 100%～80%，同时，相遇节点没有获取过该 MID 数据的情况也是如此，其主要原因在于节点社会属性较强，相遇节点多为同社区节点，节点相似度偏高。另外，相遇节点与某些携带该数据的节点相似，则此类携带该数据的相似节点也将完成与相遇节点近似的转发工作，因此即使本节点不将该数据转发给相遇节点，也不影响该数据的投递。可见，节点相似度检验不仅减小了数据泄露的概率，也限制了多余的数据转发。

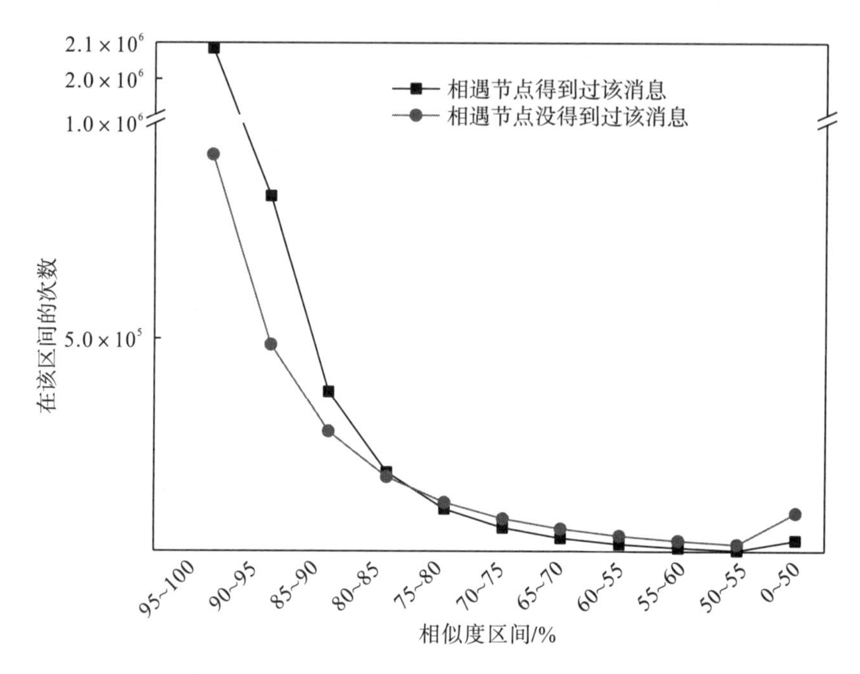

图 8.9 节点相似度与是否持有某片段数据的关系

3. 相遇信息可信度

本部分仿真考虑相遇的好奇节点会进一步给予虚假相遇信息的情况，虚假的相遇信息是好奇节点根据它自身的相遇情况，随机生成的相遇向量。因此，本部分仿真检验相遇节点给予的相遇信息可信度与相遇节点是否伪造相遇信息的关系。

网络中包含 160 个普通节点，其中 20%是好奇节点。图 8.10 描述的是从全网观测，所有节点在每次相遇时，计算相遇节点给予相遇信息的可信度落在各区间的比例；图 8.11 描述的是从全网观测，节点计算相遇节点给予相遇信息的可信度的累积分布函数(cumulative distribution function，CDF)；图 8.12 描述了从节点本地观测，各节点分别计算的相遇节点给予相遇信息的可信度平均值的 CDF 图。其中，图 8.10～图 8.12 中的两条曲线分别表示相遇节点给予虚假相遇信息和给予真实相遇信息两种情况。

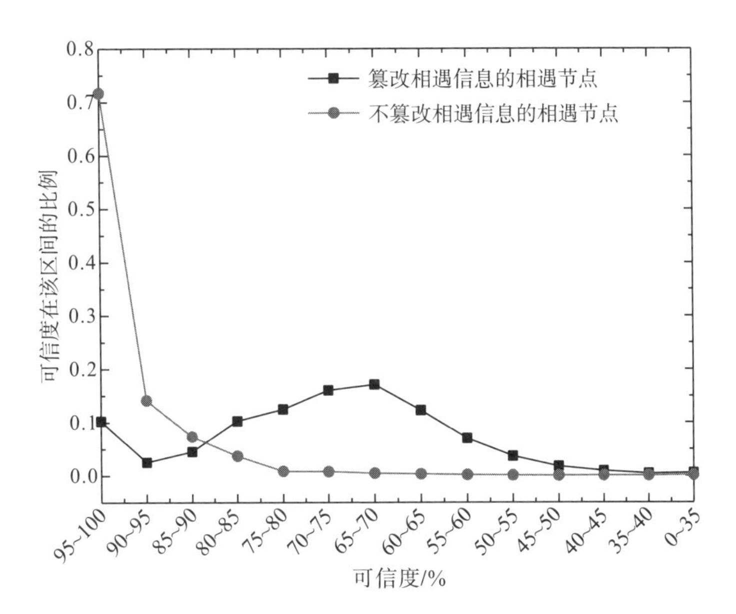

图 8.10　全网观测节点相遇时可信度落在各区间的比例

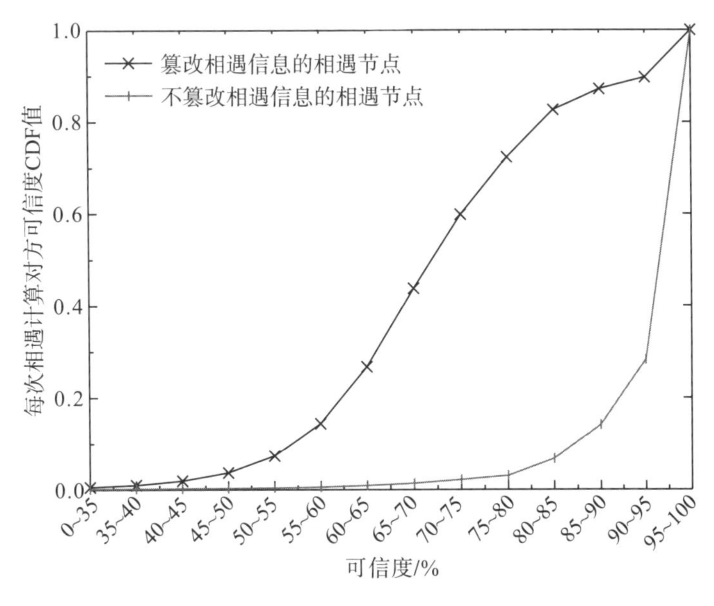

图 8.11　全网观测可信度 CDF 图

由图 8.10 和图 8.11 可见，真实相遇信息的可信度落在 90%～100%区间的概率达到 0.7 以上，而虚假相遇信息的可信度分布比较分散，集中在 70%左右。由图 8.11 和图 8.12 可知，无论是从全网观测还是从节点的本地观测，真实相遇信息与虚假相遇信息的可信度都落在较为分离的两个数值区间，可以通过一个在其之间的阈值，将它们分离辨别，以使节点做出较为准确的决策。

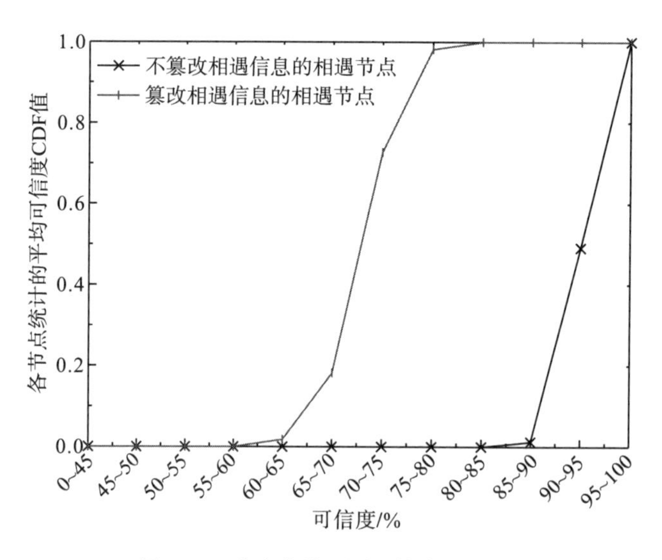

图 8.12 节点本地观测可信度 CDF 图

4. 完整的数据内容保护机制

本部分仿真将检验包含数据切割、节点相似度检验、相遇信息可信度检验的完整数据内容保护机制，对比基本的 Bubble Rap 机制、一般的边缘转发机制以及文献[17]提出的公钥分配机制，验证其网络性能以及在数据内容保护上的效用。网络中普通节点个数从 100 个增加到 220 个，好奇节点占普通节点的比例始终为 20%，且采用串谋方式获取隐私信息。

图 8.13～图 8.16 描述了随着网络中节点的增加，数据暴露率和各项网络性能的变化情况，曲线分别表示本章提出机制在切片数 k=2 和 3 的情况、Bubble Rap 机制、一般边缘转发机制以及公钥分配机制。在公钥分配机制中，公钥的信任阈值 $\theta = 1.5$，节点的信任权重 t_i 取 0～1。其同样以 Bubble Rap 机制所提出的节点活跃度为转发依据，并且为保证公钥分配机制中的数据内容不泄露给中继节点，仿真要求源节点必须对数据进行端到端加密。

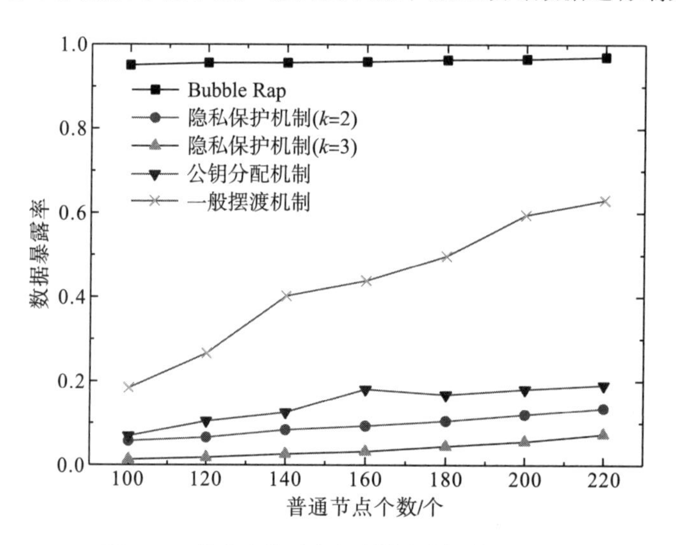

图 8.13 节点个数对各机制数据暴露率的影响

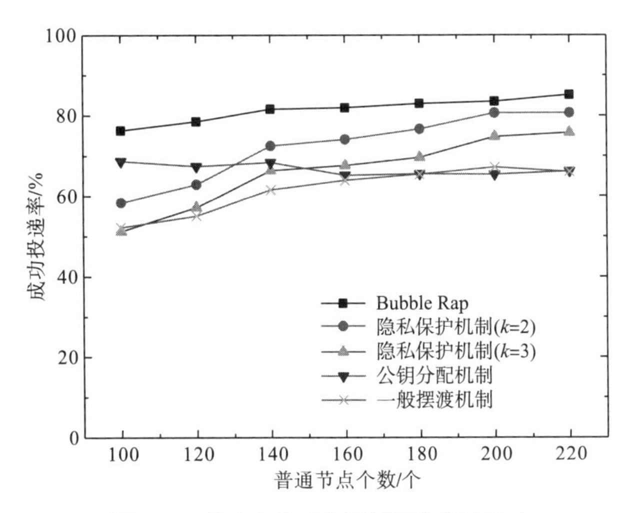

图 8.14　节点个数对各机制投递率的影响

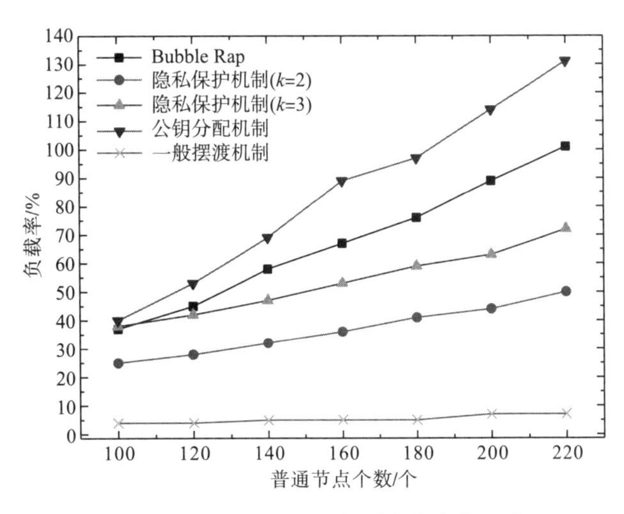

图 8.15　节点个数对各机制负载率的影响

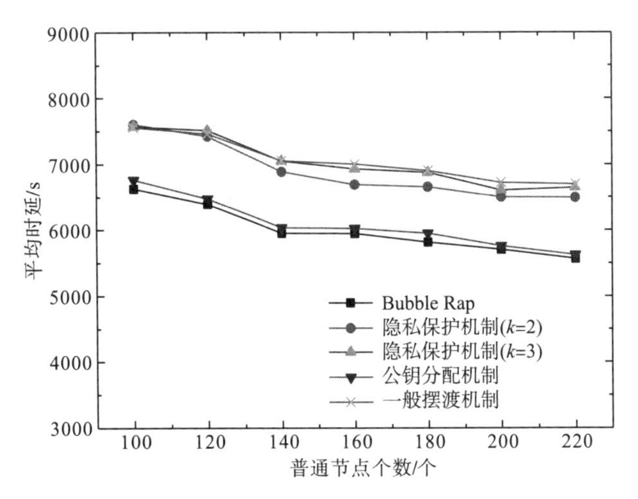

图 8.16　节点个数对各机制平均时延的影响

由图 8.13 可知，随着网络中节点个数的增加，除 Bubble Rap 机制的数据暴露率稳定之外，其他情况下泄露的数据随之增多。一般边缘转发机制中只存在“节点-边缘节点-节点”的通信模式，其出现的数据泄露来自其他节点的信道监听行为；而文献[17]提出的公钥分配机制中所出现的数据泄露，是由于网络中的好奇节点进行串谋，在网络中散布其他节点的虚假公钥，好奇节点在接收到用虚假公钥加密的数据后，能使用对应的私钥解密，窃取数据内容。

由图 8.13 可知，本章提出机制能有效地防止数据的泄露，且切片数 k 为 3 时比为 2 时更有利于防止数据内容的泄露，在节点密度较高、网络中的好奇节点比例高达 20%时，也能将全局的数据暴露率控制在 5%左右，分别较不进行数据内容隐私保护的 Bubble Rap 机制和一般边缘转发机制下降了 90%和 80%以上，且低于公钥分配机制 60%以上。图 8.13 中，各种机制的数据暴露率都不低，这主要是因为此仿真环境中，网络中的好奇节点达到 20%，并且全部相互串谋，此刻网络面临的威胁比较严峻。在实际的应用环境中，特别是一般的日常生活环境中，消耗自身资源、主动进行攻击的好奇节点的比例不会如此高，并且偏向于单独行动或是少数串谋，全体进行串谋的可能也比较小，如文献[18]中对社交网络 Facebook 上约 350 万的用户进行调查，发现其中采取恶意行为的用户约为 57000 人，占 1.6%左右。此处仿真旨在通过严峻的极限情况检验各机制保护数据机密性的能力，在如此条件下，本章提出的机制仍具有明显优势，那么在普通情况及合适的应用中，本章提出机制对数据暴露率的控制会取得更理想的效果。

由图 8.14 可知，在成功投递率方面，Bubble Rap 数据转发机制性能最优。公钥分配机制中由于好奇节点散布的虚假公钥导致源节点错误加密的情况，其投递率被限制在 60%～70%，并随着网络中节点密度的增加、网络中数据数量增加，使用虚假公钥加密的数据数量上升，大量非法数据使网络中数据的冗余加剧，因而投递率有所下降。

本章提出的数据内容保护机制在节点较稀疏的网络环境中投递率较低，因为还原数据需得到多个片段数据，中继节点的缺少为还原增加了难度。随着节点数的增加，本章所提出机制投递率上升，在普通节点数达到 200 个时，k=2 条件下的投递率接近 Bubble Rap 转发机制，较其下降 5%左右，优于公钥分配机制 20%左右。

在负载率方面，由图 8.15 可知，随着网络中节点数的增加，各机制的负载率也随之增加。由于数据内容保护的转发机制进行了相遇节点相似度检测，避免将同 MID 数据重复发送给过于相似的节点，控制了多余的数据转发，因而其负载率优于 Bubble Rap 转发机制和公钥分配机制，其在 k=2 时，负载率较 Bubble Rap 转发机制下降 30%～50%，低于公钥分配机制 37%～60%。而一般边缘转发机制由于严格限制了转发模式，因此其负载率最低。在平均时延方面，由图 8.16 可知，随着网络中节点数的增加，各机制的平均时延随之降低。由于本章提出机制还原数据需要等待多个片段数据，因此平均时延最高，高于 Bubble Rap 转发机制和公钥分配机制 14%左右。一般边缘转发机制的平均时延也较高，这主要是因为普通节点需等待与边缘节点相遇而进行数据转发。公钥分配机制的平均时延与 Bubble Rap 转发机制接近，主要是因为在源节点得到目的节点公钥时进行加密和数据转发的过程与 Bubble Rap 转发机制类似，而因源节点无法得知目的节点公钥而投递失败的数据没有被计算入平均时延的计算中，因此其平均时延与 Bubble Rap 转发机制接近。

由数值分析可知，本章提出的数据内容保护的转发机制，在网络密度较高、相互串谋的好奇节点达到 20%的严峻威胁下，$k = 2$ 时可以使投递率达到 80%、暴露率在 10%左右，$k = 3$ 时可以使投递率到达 76%、暴露率在 5%左右。实际应用中，可根据应用环境是更注重投递率等基本网络性能，还是更重视数据内容保护，选择合适的切片数 k。虽然牺牲了平均时延这项网络性能，本章提出的机制在投递率、负载率和数据暴露率方面都优于公钥分配机制，能够在保障应有网络性能的前提下，有效地保护间断连接边缘网络中数据内容的机密性。

8.6 本章小结

为了保护转发数据的内容，本章针对具间断连接特性的边缘网络提出了一种数据内容保护的转发机制，其无须为节点预置其他节点密钥等安全信息及基础设施，以逐跳加密的方式防止窃听行为，以数据切割向中继节点隐藏原始数据，并利用多副本数据转发过程的冗余性和节点的相似性，经不相交的路径将片段数据送达目的社区，由边缘节点检验其合法性，进而还原、加密得到只有目的节点能够解密的完整数据，在实现转发过程中数据内容的隐私性、完整性的同时，保障了应有的网络性能。

参考文献

[1] Coll-Perales B，Pescosolido L，Gozalvez J，et al. Next generation opportunistic networking in beyond 5G networks[J]. Ad Hoc Networks，2021，113：102392-102408.

[2] Wang X，Chen M，Han Z，et al. TOSS：Traffic offloading by social network service-based opportunistic sharing in mobile social networks[C]//IEEE INFOCOM 2014-IEEE Conference on Computer Communications. IEEE，2014：2346-2354.

[3] Fan L，Zhang S，Duong T Q，et al. Secure switch-and-stay combining（SSSC）for cognitive relay networks[J]. IEEE Transactions on Communications，2015，64(1)：70-82.

[4] Dhurandher S K，Singh J，Nicopolitidis P，et al. A blockchain-based secure routing protocol for opportunistic networks[J]. Journal of Ambient Intelligence and Humanized Computing，2022，13(4)：2191-2203.

[5] Du S，Zhu H，Li X，et al. Mixzone in motion：Achieving dynamically cooperative location privacy protection in delay-tolerant networks[J]. IEEE Transactions on Vehicular Technology，2013，62(9)：4565-4575.

[6] Jia Z T，Lin X D，Tan S H. Public key distribution scheme for delay tolerant networks based on two-channel cryptography[J]. Network and Computer Applications，2012，35(3)：905-913.

[7] 王婧，吴黎兵，罗敏，等. 安全高效的两方协同 ECDSA 签名方案[J]. 通信学报，2021，42(2)：12-25.

[8] 魏松杰，李莎莎，王佳贺. 基于身份密码系统和区块链的跨域认证协议[J]. 计算机学报，2021，44(5)：908-920.

[9] Fall K，Farrell S. DTN：an architectural retrospective[J]. IEEE Journal on Selected Areas in Communications，2008，26(5)：828-836.

[10] Sun F，He S，Zhang X，et al. A Fully Authenticated Diffie-Hellman Protocol and Its Application in WSNs[J]. IEEE Transactions on Information Forensics and Security，2022，17：1986-1999.

[11] Smid M E，Branstad D K. Data encryption standard：past and future[J]. Proceedings of the IEEE，1988，76(5)：550-559.

[12] Gao L，Zheng F，Wei R，et al. DPF-ECC：A Framework for Efficient ECC With Double Precision Floating-Point Computing Power[J]. IEEE Transactions on Information Forensics and Security，2021，16：3988-4002.

[13] Keränen A，Ott J，Kärkkäinen T. The ONE simulator for DTN protocol evaluation[C]//Proceedings of the 2nd International Conference on Simulation Tools and Techniques，Rome：ICST Press，2009：1-10.

[14] Palla G，Derényi I，Farkas I，et al. Uncovering the overlapping community structure of complex networks in nature and society[J]. Nature，2005，435(7043)：814-818.

[15] 吴大鹏，向小华，王汝言，等. 节点归属性动态估计的机会网络社区检测策略[J]. 计算机工程与设计，2012，33(10)：3673-3677.

[16] Zhou H，Chen J M，Zhao H Y，et al. On exploiting contact patterns for data forwarding in duty-cycle opportunistic mobile networks[J]. IEEE Transactions on Vehicular Technology，2013，62(9)：4629-4642.

[17] Jia Z T，Lin X D，Tan S H. Public key distribution scheme for delay tolerant networks based on two-channel cryptography[J]. Network and Computer Applications，2012，35(3)：905-913.

[18] Gao H Y，Hu J，Wilson C，et al. Detecting and characterizing social spam campaigns[C]//Proceedings of the 10th ACM SIGCOMN conference on Internet measurement. New York：ACM Press，2010：35-47.